ゴン太の青空

イサジコウ

共同文化社

「散歩」木版　2009

はじめに

二〇〇四年の二月末から六年余り、わたしは犬のゴン太と共に暮らした。

ゴン太はとても臆病で人なれせず、じっと縮こまっているような犬だった。そんなゴン太を、わたしは朗らかな犬にしてやりたかった。

絵かきのわたしは、ボランティア活動に情熱をかたむける妻と、そしてペットたちと暮らしていた。そこに一匹の犬、ゴン太が加わったことは、家族みんなにどれほど大きな変化をもたらしたことか……。

ゴン太はいつもわたしのそばにいて、わたしの思考と感覚に何かをつけ加えてくれた。ゴン太と共に過ごした日々を思うと、喜びや悲しみだけでなく、憤りさえまじった甘酸っぱくてほろ苦い気持ちになる。

ゴン太――。精いっぱい生きた、ひとつの小さな命について、わたしは書いておきたかった。

ゴン太の青空●もくじ

「子猫のテッテ」合羽版 1997

ブックカバー写真「庭のゴン太」
2007年6月撮影

口絵、各章扉の版画、挿絵、テラコッタ
作：イサジコウ

第１章　捨てられた犬

「からす」木版　1990

ゴン太がやって来たのは、一月末のしばれる夜のことだった。

窓ガラスは凍結し、石油ストーブの火は心細く燃えている。重ね着の上にさらにガウンを羽織り、靴下を二重にはいていても、寒気が流れ込む室内はつま先がかじかむ。

新聞に目を通していると庭でかすかな物音がした。なにか動物の気配を感じたが、……キツネでもないようだ。

以前は、ギャンギャーンとかケンケーンという鳴き声を、枕元でと言いたくなるほど間近に聞き、目を覚ますことさえあった。それが近年、どういうわけかキタキツネを見かけなくなった。わが家は森の中の一軒家で、南側の庭は山に続いている。このような環境だからエゾシカもやって来る。七、八頭の群れは珍しくない。季節ごとに、さまざまな野鳥も訪れる。

わたしは冬の間、小鳥たちにヒマワリの種をまいてやる。イチイの木にとりつけた餌台は、ダイニング・キッチンの窓からよく見える。常連はシジュウカラ、ヤマガラ、ゴジュウカラで、餌をまいてやると小鳥たちは、代わる代わる餌台に舞い降り、一粒ずつくわえていくからせわしない。図体《ずうたい》のでかいカケスは餌台に陣取り、黙々とついばむ。

明くる朝、野鳥の餌やりに庭へ出ると、すばやく犬が身を隠した。そして雪が積もった生け垣の隙間《すきま》から、わたしの様子をうかがっている。

くるんとした目は黒く潤み、鼻先はしっとり湿っている。耳はやや大きめで、折れ曲がった右耳の先端が神経質そうに小刻みに震えている。

犬は、警戒して呼んでも来ない。しかし、近づかなければ逃げはしない。急いで家から食べ物を持ち出し、誘ってみたが駄目である。餌を手にして歩み寄ると、大きく見開いた犬の目は、恐怖でいっぱいになった。

虐待された！　と、わたしは直感した。

首輪をしていないところをみると、迷い犬ではない。捨てられたのだろう。

あまり犬をおびえさせたくない。わたしは食べ物が入った器をそっと雪の上に置き、ひとまず家に入った。

わが家は、表通りから斜めに入った奥まった場所にある。十二月中旬ごろから本格的な雪になり、膝《ひざ》まで埋まる積雪で、表通りから家にたどり着くことさえ大変なことがある。

一月、二月は雪、雪、雪で、わが家はすっぽりと雪に覆われてしまう。来る日も来る日も、わたしは除雪に明け暮れる。しかし、降りつづく雪にはかなわない。窓は一部を除いてふさがれ、まさに冬眠状態である。

新聞と郵便物の配達員が来るほかは、夏とは打って変わり訪れる人は少ない。人を恐れる犬にとって、わが家のまわりは安心できる場所に違いない。けれど街の中ではない。あさるものはなく犬は空腹を満たすすべがない。それで庭に食べ物を出しておくと、いつの間にかきれいになくなっている。

四、五日たっても犬は、わが家から離れようとしない。行く当てがないのだ。

食べ物を手にしてしゃがみ、やさしく呼ぶと、犬はおどおどと近づくようになった。けれど警戒して、真ん丸に見開いた目をそらすことさえできない。緊張のあまり犬の四肢には力が入り、いまにも逃げだしそうな格好で近づいてくる。わたしの手がとどく範囲には絶対に入らない。けっして人の手から物をもらおうとしない。何をするかわからない人間を、信じられないのである。

ぴりぴりと全神経をわたしに集中する犬の、引きつった心が痛々しい。このまま犬を放置しておけば、野垂れ死にするか捕獲されて殺処分されるか、いずれにせよ死は犬の目の前にある。

気づかれないように、わたしはじわじわと手を伸ばす。犬の体に触れたい。それができればヨシヨシとなでてやり、こわばった気持ちをほぐしてやりたい。そして打ち解けたところで、捕らえるのではなく穏やかに保護したい。

けれど、おびえきった犬は、そうさせてくれない。何度も試みたが、あとわずかのところで身をかわして逃げる。

ほんのちょっとのことなのに不信の壁が立ちはだかり、その「ちょっと」が、この犬には乗り越えられない。わたしの心がわかるなら、おとなしく保護される勇気をだしてほしい。わたしがひどいことをする人間に見えるか。そう心でつぶやいたものの、それは定かではない。

犬は手がとどくぎりぎりのところで不安に耐えかね、すばやく逃げる。じつに、はしっこい。薄茶色の中型犬。雑種である。いったいどんな目に遭ったというのか、びくびくして片時も緊張を緩めない犬は、まるで人間不信の塊だ。とはいうものの案外かわいい顔をしている。この犬は本来、遊びたがりやで、お茶目な犬ではないだろうか。

ところで、愚妻は、犬と猫を救うボランティア活動をしている。会の名称は、そのものズバリ「ワンニャンボランティア」。捨てられた犬猫や行政機関で殺処分される犬猫を引き取り、年中、彼らの新しい飼い主さがしに追いまわされている。

わたしはボランティアの力を借り、この犬にもらい手を見つけてやりたい。そのためには、犬の身柄を確保しなければならない。しかし犬の硬直した態度は、二週間たってもいっこうに変わらない。

わたしの経験では、捨てられた犬でもすぐに仲良くなった。誤解を恐れずに言えば、たいていの犬は、餌を見せればイチコロである。しっぽフリフリ、すり寄ってくる。そうであれば保護することなどたやすい。けれどもこの犬は、例外らしい。危害を恐れて守りの姿勢を崩さない。よほどひどいことをされない限り、これほど臆病にはならない。

だが、これは、犬だけの問題なのだろうか……。

貧富の格差が拡大するなか、親が幼児を虐待して死亡させる事件を、テレビや新聞の報道で知る。しかし、これは人事《ひとごと》ではない。家庭内暴力、引きこもり、育児放棄や夫婦の不和など表立って現れないとしても、わたしたちの身辺でふつうに起きている。職場や学校でのいじめやセクシャルハラスメントも多いらしい。こうしたことが日常化している社会では、だれもが相応に鬱積《うっせき》したものを抱え、その抑制できなくなった感情のはけ口を、弱者や動物に向けたとしても不思議ではない。

それゆえに、この犬を捨てた飼い主の仕打ちを想像してしまう。手近にあるもので犬を打ったのではないか、犬をおもちゃにして、犬の嫌がる様をおもしろがったのではないかと。そうは言ってもこの犬が、どんな目に遭ったのか知るすべはない。

だが、飼い犬を捨てること自体「虐待」である。

人におびえる犬の目は、人間への恐怖にさいなまれながらも、「人のそばにいたい！」と確かに訴えている。心の奥底にかけらほどでも人間への信頼が残されているのなら、素直に保護されてほしい。

けれど、心の自由を奪われた犬は、心身ともに人間を拒絶し、犬自身どうにもならないように見える。

わが家から離れず、わたしとの距離を保ちつづける犬。このまま手をこまねいているわけにはいかない。そこで友人の獣医師・田村先生と市の環境衛生課に協力してもらい、犬を捕獲することにした。

しかし、いたずらに犬を追いまわし、犬の恐怖心をあおることは避けたい。それで犬の動作を抑えるため、少量の睡眠剤を餌に混ぜて与えることにした。

数日後、先生と市の職員二人が、雪深いわが家の庭に待機した。

薬の効き目を見計らい一斉に飛びだすと、犬は鋭く人の挙動に反応し、逃げ足は速い。追いかけるほうは雪に足を取られる。雪の中ではなおさら、人は動物に及ばない。みごとに失敗した。

五日後、体重十キロほどの犬に、前もって相当量の睡眠剤を与え、ふたたび捕獲に取り掛かった。今回は、田村先生とわたしの二人きりだが、心強いことに先生は捕獲用の大きなタモ網を持参している。

犬の状態を見ていた先生の「さてっ、やりますか！」で飛びだすと、犬は一瞬ふらついた。が、それでも走った。雪をかき分け、雪にもがき、死にものぐるいで逃げ去った。薄れる意識のもと、

犬は渾身《こんしん》の力をふりしぼった。

残念ながらタモ網の出番はなく、またしても逃げられてしまった。

わたしは先生から「睡眠剤の作用で体温が下がる」と聞いていた。それで雪の中で眠り込んだ犬の体が冷え切り、それっきりにならないか……と心配になった。捕獲に失敗したものの犬を放置しておけない。犬を凍えさせてはいけない。なんとしても日が暮れる前に捜しだそうと思った。

先生が帰ったあと、わたしはカンジキをはき、サングラスをかけ、裏庭から山に続くだだっ広い空き地を捜しまわった。冬晴れの午後、雪原は冷淡な輝きを放っている。心に浮かぶ「凍死」の文字を、はねのけながらわたしは進んだ。犬は薬が効いているから遠くには行けない。山に逃げることも考えられない……。

わたしは、刺激せず犬を捕らえようと気をまわしすぎ、臆病になっていた。それで実際には、どれほども犬を追いかけることができなかった。追いまわし無理やり取り押さえるような強引なやり方への拒絶感があった。しかし正直に言えば、こういうことに関して、わたしは意気地なしなのである。そういうわたしの頼りなさが、それとなく田村先生に伝わり、士気が上がらず失敗した。そう考えてもおかしくはない。

できることなら羽交い締めでもなんでもして、犬を捕らえるべきではなかったか。結果的に犬をおびえさせてしまったではないか。

わたしはちくちく痛む心で、まばゆい雪原を山に向かった。

犬の捕獲を妨げた雪が逆に幸いし、足跡を頼りに見つけたとき、犬は山裾《やますそ》のカラマツ林で眠り込んでいた。小さく丸まって小刻みに震えている。体温が下がっているのだろうか。早く温めてやらねば……と気をせかせ、そっと犬を抱きかかえると、小さな鼓動が胸に伝わってきた。

第2章　はじめての室内犬

犬は子どもの
友だち
犬の瞳を
のぞいてごらん
やさしさが
映っている
イサジコウ

「犬と少年」合羽版　1994

保護するまでに一カ月を要した犬。これまでの観察では、もらい手があったとしても、なつくかどうか難しい。

トラウマに陥り極度に人を恐れる犬をなれさせるには、かなり時間がかかるだろう。よほどの愛犬家にでも引き取られなければ、また捨てられかねない。ペットショップで買えば十数万もする犬でさえ、人間の勝手次第。いとも簡単に捨てられる世の中だから。

犬は、わたしの作業小屋で眠っている。妻が湯たんぽを入れてくれたダンボール箱の中で、毛布にくるまれクークー寝息をたてている。その寝顔を見ていると、うちで飼ってやるしかないか……という気持ちになる。

けれどこの犬は、家の外で飼っていてはなつかない。室内犬としてつねに一緒に過ごしてかわいがり、人間にたいする不信感を取り除いてやることから始めなければ無理だと思う。

翌朝、手早く家事をすませた妻は、防寒着を着込み、本を抱えて作業小屋に入った。そして、目覚めた犬のそばで読書を始めた。

薪《まき》ストーブを焚《た》いても小屋は寒い。断熱材は使っておらず土間である。一刻も早く犬をなつかせたい気持ちはわかる。けれど寒さに耐えて、どれほどのあいだ犬と一緒にいられることか。

それに妻は忙しい身であり、犬との時間を確保する余裕はそれほどない。

それならばいっそのこと、犬を家に入れたほうが手っ取り早い。犬がわたしたちと過ごす時間は、圧倒的に多くなる。そういうわけで、この日の夕方、犬は家に入ることになった。


わが家には二匹のメス猫がいる。犬は室内で暮らすのだから、猫と仲良くしなければならない。とはいえ、犬はひと月もわが家の周囲をうろついていたのだから、猫たちと初対面ではないだろう。しかし、礼儀というものがある。

やや乱暴かもしれないが新参者のあいさつを兼ね、猫たちの居場所、それも、その中心部を通過することになる勝手口から、犬を入れることにした。

そのほうが今後のことを考えると都合がよい。勝手口には二畳ほどの板の間があり、犬用の手水鉢《ちょうず》（実際はポリバケツだが）を置くことができる。そして備えつけの棚には、猫の足ふき雑巾《ぞうきん》を掛けるため以前わたしが取り付けた金具もある。あれこれ考え合わせると勝手口は、犬の出入り口として打ってつけなのである。

作業小屋で眠っていた犬は、わたしに抱っこされて驚いた。驚いて体が硬直した犬を抱きかかえて運び、勝手口のドアを開けて、そっと板の間に下ろすと、うまい具合にダイニング・

キッチンに続く戸の前になる。

下ろされて戸惑う犬の目の前の、戸を開けたとたん、不安で大きく見開いた犬の目が、猫の目とぶつかった。猫たちも驚いて一瞬目を丸くした。

犬の前方には流し台、右側には石油ストーブ。左には冷蔵庫とガス台が並び、猫の食器とつめ研《と》ぎも置いてある。

足がすくんで身動きできない犬。

左右に座を占める猫。

犬は、二匹のあいだを通過せねばならぬ——。

しり込みする犬のお尻を軽く押すと、犬は一歩前に踏みだした。

「フゥーッ」「フギャーゥ」

毛を逆立て、猫たちは威嚇した。

いまにも手を出しそうな剣幕だが、まさか、そこまでは……と思ったとき、

「危ない！」と、妻が犬を抱きかかえようとした。その瞬間、パニックに陥った犬は、戸口に立ちすくんだままお漏らしをしてしまった。

わが家のダイニング・キッチンは多目的ルームで居間も兼ね、ふだん猫たちはここでリラッ

クスしている。そこへ顔見知りであったとしても、いきなり侵入したよそ者にむかついたのである。

猫たちが攻撃的になったのは一時的なこと、二匹とはすでに七、八年も一緒に暮らしているから、このような事態はもう起こらない、と断言できる。しかし猫たちは、まだ憤怒の視線を犬に浴びせかけている。かなりご立腹のようだ。

床の汚れをふき取ったあと、犬を冷蔵庫の脚にリードでつなぎ、しばらくこの場所で様子を見ることにした。ここは猫の領域だが、わたしたちの目がもっとも行き届く場所でもある。

敷物代わりにバスタオルを敷いてやると、犬はその上に縮こまって伏せ、こころなしか「イヌ心地がついた」という顔をした。そして上目遣いで、きょときょと室内を見回して状況把握に努めていた。

早めに起床し、朝食をすませ、わたしは犬を散歩に連れ出した。犬は、内気な子どももみたいについて来る。リードを引っ張るほどの元気はないらしい。

わたしは表通りに出て、空を見上げながらカーブした坂道を上っていった。長い冬にうんざりしているわたしには、春を思わせる柔らかな空の青さがうれしい。

ときにはこういう穏やかな日もあるけれど、まだ二月下旬である。マイナス十数度に下がる日もあれば、吹雪く日もある。木々の芽吹きまで二カ月近くも待たねばならぬ。四月も半ばを過ぎないと、わたしは春の訪れを実感できないのである。

坂の途中から町を縦断する幾春別《いくしゅんべつ》川が見える。雪に埋もれた農地を隔て、軒を連ねる民家の赤、青、鳶色《とびいろ》のトタン屋根と真っ白な雪のコントラストが、朝の散漫な気分を刺激する。

市立病院の白い建物が、山並みを背に輝いて見える。古い住宅を解体し、跡地に建てられた四階建ての市営住宅は、まだ風景になじんでいない。庁舎と市民会館のあたりが灰色にくすんで見え、そこはかとなく物憂《ものう》い。にぎわいをなくした商店街の向こうにはスポーツドームが鎮座し、その左手に存続が危ぶまれる高校の校舎が見える。

かつて炭鉱で栄えた町は、いまは働く場所が乏しく、若者はやむなく都会に出ることになる。高齢化は進み、地域は疲弊するばかりである。資本はもうかるところに投入され、そこに人々は吸い寄せられていく。過疎と過密、欠如と過剰。いびつな社会だ……。

坂の上からは人口一万一千ほどの、町の中心部を見わたせる。三方を山に囲まれた町の西部は、石狩平野に続いている。

犬を連れて漫然と景色を眺めながら歩いていると、とりとめのない思いが浮かんでは消えていく。マスメディアや世人の口からビジネスチャンスとか、経済効果、勝ち組・負け組、生き残りをかけ、などの言葉をしばしば耳にするが、こうした流れの中で、この町も動いているのだろうか。

次々に車が忙しく走り過ぎていく。

犬は、わたしと周囲に注意を払いながら、ちゃんと歩調を合わせて歩く。しかし、ダンプカーやトレーラーなど大型車とすれ違うたびに身をよける。

人の歩む道ではないな、と思う。

しばらく歩くと、犬の表情が少し明るくなった。やはり散歩はうれしいようだ。それにしても、この人間不信犬と、どうやって信頼関係を構築すればいいのか……。

とにかくかわいがってやり、がんじがらめに縛《しば》られている心をほぐしてやることが先決である。しかし、かなり時間を要するだろう。並外れの臆病者だから、普通の犬と同じ扱いはできない。どんなことをしても大目に見てやり、絶対に叱らないこと。びくついた犬だが、どことなく愛嬌《あいきょう》がある。やさしく、根気よく見守ってやろう。

ところで、犬のトイレをどうするか……。

これは差し迫った問題である。わたしは家の中で犬を飼うのは初めてだから、犬が室内でどんな行動をするか見当がつかない。そしてなによりも粗相《そそう》をされては困る。犬用のトレーを用意して、その上にトイレシーツを敷いてやることはできる。けれど神経質そうな犬だから、同室のわたしのそばで用足しできるだろうか。

それが無理なら散歩先での用足しになる。とすれば散歩の回数は、どう考えても一日三回は必要だろう。それなら散歩はわたしの生活のリズムからして、朝は七時半か八時ごろに出かけ、昼は一時から三時のあいだに、そして夜は八時ごろに出かける、という設定にならざるを得ない。

これに従えば夜の散歩後、翌朝まで、十一時間から十二時間も犬はおしっこを我慢しなければならない。かなりつらいのではないだろうか。

また、犬が健康なときはよいとしても、たとえば腹具合が悪くなった場合はどうすればいいのか。昼間はなんとか対応してやれるが、夜間だとわたしがつらい。

あれこれ取り越し苦労をしているうちに、わが家の猫たちに考えが及んだ。

顧みれば猫たちは、十二時間ぐらいは平気である。メス猫の事例をオス犬に適用するのは無理があるとしても、それを承知でさっそく試してみることにした。

散歩からもどり犬を冷蔵庫につなぐと、犬はいたずらすることもなく、縮こまってじっとしている。わたしが近づくと緊張し、後ずさりしてピタッと冷蔵庫のドアにくっついてしまう。散歩中とは違い、家の中ではビクビク度が増すようである。

犬は臆病なうえ、ひどく汚れている。それでなおさら貧弱に見える。わたしも妻もきれい好きなほうだから、犬を清潔にしてやりたい気持ちを抑えていた。限界の五日目、新しい環境にとまどう犬には迷惑だとしても、風呂に入れることにした。といっても浴槽には入れない。シャワーを注いで洗うだけ。

わたしがパンツ一枚の姿で、ドアを開け放した浴室を指さし「風呂！」と声をかけると意外にも、首輪を外してもらった犬は、浴室の入り口どころか洗い場まで、もそもそと入っていった。人に逆らい、叱られるのがこわくて指示に従った様子ではない。ヘンな犬である。

体にぬるいお湯を流しかけ、シャンプーをたらして洗いはじめても、犬は嫌がらない。おとなしい犬だから我慢している、と思ったら、目を細めて気持ちよさそうな表情さえ見せる。風呂に入り慣れている？　そういうことはないだろう。大切に飼われていたのなら合点はいくが、そうではない。慣れているはずはない。……いや、子犬のころにはかわいがられ、入浴させてもらったのかもしれない。それとも単に、風呂好きなのか？　よくわからない。

ともかく犬の体からしたたる水をブラシで払い落とし、何度もタオルを絞り直して水分をふき取った。犬は予想に反して扱いやすく、速やかに入浴を終えた。次は、湯上がりをどうするかである。

よくふいたつもりでも体をぶるぶるっと震われると、水しぶきが部屋中に飛び散ることは目に見えている。ヘアドライヤーで体毛を乾かしてもらう犬や猫もいるらしいが、この犬には無理だろう。モータ音と温風の恐怖で、失神する姿が目に浮かぶ。

では、どうすればいいのか……。考えあぐね、妻に任せることにした。

すると彼女らしい大胆さで、広げたバスタオルを両手につかみ、ためらいもなくガバッとまるごと背中から犬を包み込もうとしている。何をされるのかと驚いて、しり込みする犬を、あたかも取り押さえる体勢そのものである。見兼ねてわたしが交代した。

隙間風が吹き込む室内である。風邪をひかないように体に染み込んだ水気をふき取るだけだから、こわがらなくてもいいのだよ。妻がぞんざいなやり方をするから、犬がおびえてしまったではないか。不満を抑えて、わたしは良い方法を思いついた。

まず、犬のそばに乾いたタオルをそっと置く。少し間をおき、犬の緊張が緩んだところを見計らい、さりげなく近づく。そして「いい子、いい子」とやさしくなでながら気づかれぬように、もう片方の手にタオルを持つ。そのあとは、なでている手に同調させて犬の体をふいていく。この方法は有効であった。

こうして犬は清潔になり、体毛はふくよかさを帯びて見違えるほどの姿になった。この夜から犬は、猫たちと同じように自由な室内生活を始めた。つまり、冷蔵庫につながれる境遇から解放され、家の中で好きに振る舞うことを許されたのである。

ところが、さて寝る時間である。わたしのベッドのわきに敷物を敷いてやり、そこで寝るように促すと、犬は頭を下げ、恐縮した様子で素直に近づき、敷物の上に丸まった。

まさか、この犬、しつけされていたのではないか。否定と肯定が頭の中でかち合った。どうみても室内で飼うような犬ではない。けれど室内経験が皆無とも思えない。たいていの犬が嫌がりそうな浴室に、すんなりと入り、入浴中もお利口だった。この犬は、大切にされていたのかいなかったのか、しつけされていたのか否か、なんとも腑に落ちない犬である。

翌朝、散歩から戻ると、犬をわたしのアトリエに連れていき、窓際に敷物を敷いてやると予想どおり行儀よく、犬はその上に収まった。そして、家の中での自由を許されたというのに置物のようにじっとして、全神経をわたしに集中している。

わたしがしくじってメモ用紙一枚、パサッと落としただけでも、犬はビクッと驚く。鉛筆が転がっても身を硬くし、椅子から立ち上がるときも静かに立たなければこわがる。生活音に慣れさせる必要もあるけれど、この犬の前では、とにかく穏やかな振る舞いを心がけねばならないようである。

仕事中にこっそり様子をうかがうと、かならず犬と目が合う。警戒アンテナを張っているから、すぐにこちらの気配を察知する。そんなにぴりぴりしていると神経が持たないよ、と言いたくなる。

家族になりたての犬には、まだ名前がない。声をかけるにも指示を与えるにも具合が悪い。犬とのふれあいを親密にするためにも、早く名前を付けてやりたい。しかし、うちの猫は二匹とも、わたしが名付けた。「ピッピ」と「テッテ」である。それで犬の名は、妻に付けさせてやろう、と遠慮していた。

ところが、待てど暮らせど、妻は名前のことなど何も言い出さない。考えている素振りさえ見せない。とはいえ、わたしと妻の、どちらが名付けるか決めていたわけではなく、勝手にわたしが気を遣っていただけのことである。が、それにしても無頓着というか察しが悪いというか妻にはそういうところがある。対人関係では配慮があるにもかかわらず、わたしにはいつも

そうだから困る。ついにこらえ切れなくなり、

「犬の名前、どうするの」と、腹立ちを抑えて静かに尋ねると、

「ゴンタ」と答え、妻はけろりとしている。考えた形跡がまったく感じられない。

「ヨク、カンガエタノ！」

思わず吐き出しそうになった言葉を呑《の》み込んで、

「もう少し考えたらどうなの……」

と、わたしは平静を装って言ってみた。しかし、それ以上言うのはよした。

「ゴン太」など、どこにでも転がっている名前ではないか。熟慮せよとは言わないけれど、多少なりとも頭を悩ませてほしかったのである。わたしは不満というよりも気抜けして、投げやりな気持ちでその名を受け入れた。どうして妻が「ゴンタ」を思いついたのか面倒だから問うてもいない。ありふれた名前だからこそ取っ付きやすく親しみがある、と自らを慰めた。

朝昼晩の散歩に限らず、わたしは仕事中も、食事中も、睡眠中も、つねに犬と共にある生活が始まった。二週間ほどして気がつくと、わたしはすっかり犬の世話係になっていた。そして当然というべきか、わたしと妻にたいするゴン太の態度が違う。妻とは散歩に行かない。

犬は、だれか一人を主人と決めて付き従う習性があるとしても、食事は妻が与えているのである。散歩ぐらい一緒に行けそうなものではないか。

妻の話では、散歩に連れ出そうとしても、ゴン太は頑として動かないという。仕方がないから抱っこして庭に出ると、そこでも身動きせず頑張るという。それでまた抱っこして表通りまで行き、道端に下ろすと、家に戻りたがってリードを引っ張るという。そして、せっかく外に出たのに、おしっこもしてくれない、と言う。

思うに妻との散歩は、「できない」というよりも「したくない」という態度らしい。融通のきかない犬である。

心配したゴン太の用足しは、セットした時間に散歩させることで失敗はなく、なんとかなりそうだ。けれど、わたしにとって日に三度の散歩は、じつにきつい。毎日およそ一時間半も貴重な時間を割いている。わたしは絵で口を糊する身であり、自宅での仕事だから時間のやり繰りはつく。しかし、妻と散歩できなければ、わたしは長時間の外出が難しくなり、旅行も無理、おちおち病気もしていられない。今後のことを考えると妻と散歩してくれないと困るのである。

わたし以外のだれとも散歩をしない犬は、初めてである。おとなしい犬だが、頑固者でもあるらしい。

第３章　ゴン太とは？

「ゴン太」木版　2005

わたしは漠然と「犬は家の外で飼うもの」と思っていたから、ゴン太を室内で飼うことには内心やや抵抗があった。部屋の中を荒らさないか、衛生上の問題はないか、マーキングをしないかと心配した。ところがゴン太は猫たちよりも聞き分けがよく、うるさく要求することも自己主張することもなく、ほんとうに扱いやすい犬だった。

午後の散歩は、どちらかといえば庭遊びが中心で、リードを外してやるとゴン太は、芝草の庭を歩きまわり、におい嗅ぎに夢中になった。その様子を眺めるわたしの心は、ゴン太に重なり一緒に庭を嗅ぎまわった。

ゴン太の毛色は、頭と背中の一部が薄茶色。おなかのほうは白い。パールシルバーというか毛並みに光沢があり、太陽の光を浴びるとキラキラと輝いた。その姿は臆病さがかき消され、これがゴン太本来の姿だ——とわたしは思った。

ゴン太と一緒に暮らしはじめて三カ月ほどになる。世話係のわたしとしては適切に対応してやるためにも、ゴン太がどんな犬なのか、それとなく観察していた。そして、それにともなうわたしの認識は、ゴン太を理解しようとするあまり、誤解や思い込みがないとは言えない。多分に身びいきもあるだろう。

保護する前のゴン太は、世間の犬並みに吠《ほ》えていた。

ところが家に入れてから、なぜか吠えなくなった。まったく吠えないわけではないが、吠えることは月に一度あるかなし。うるさくなくて良いけれど、吠えない犬は物足りない。

まれに、「ワン」と思わず一声でたときは、口が滑った——と、ゴン太は照れくさそうな顔になる。その代わり、ふだん吠えない分を補うように、夢を見て吠えることはずいぶん多い。「クァウカウ、クァウカウ」と弱々しく吠える。悪夢にうなされているような悲痛な声である。そういうときのゴン太は、決まって手足にかすかな痙攣《けいれん》を起こした。

それでいてイビキは、臆病犬に似合わず見事なもので、仕事に集中しているときに「グゥーグ、グゲ、グー、ググッ」とやられると、わたしは思わず吹き出してしまった。同じ屋根の下で暮らしていても、犬と人間の境遇のちがいが鮮明になり、その落差がおかしいのである。

それにしてもゴン太は、こわい夢をよく見る。わが家へ来るまで、どんな生活をしていたのだろうか。飼い主にいじめられ、傷ついた心で生きてきたのではないか。そう思うと、かわいそうで仕方ない。

ところで、昼間ゴン太は、やることもないから、わたしを観察しながらアトリエで過ごしている。アトリエは、もと応接室で玄関に近く、ドアを閉めていてもゴン太には、玄関の様子がよくわかる。

郵便配達員が来ると、ゴン太はその気配に耳をそばだて緊張する。新聞・ガスなどの集金員が訪れると、ゴン太は首をもたげ、チャイム音で身構える。集金員が玄関の戸を開けると、目は不安でいっぱいになった。ゴン太は、人が来るとこわくてたまらない。

ゴン太はわたしが近寄っても緊張するくらいだから、よその人がアトリエに入ってこようものならコチンコチンに固まってしまう。それが親しい友人であっても犬好きの人であっても同様で、なでようとして手を差し出そうものなら、大きく見開いたゴン太の目は恐怖一色になり、硬直した体は恐ろしさに震えた。

そんなふうだから来客は、「何もしていないのにヘンな犬だ……」といぶかりながら、差し出した手をやむなく引っ込めざるを得ない。それで画室には、気まずい雰囲気が漂うことになるのであった。


良く形容すれば繊細なゴン太は、ロバのようにやさしい目をしている。そしてゴン太の目は、よく物を言う目である。初めてゴン太と視線を合わせたときの、訴えかけるような、ぐっと胸が詰まるような眼差《まなざ》しを、わたしは忘れられない。

ゴン太の目は黒い瞳で、目の縁も黒く、全体に黒さが増してみえる目で、周囲を気にして上目遣い・横目遣いをすると、白目が際立ち、なかなか迫力がある。感情が揺さぶられるのである。

とくに上目遣いの申し訳なさそうな目には力があり、その目でじっと見つめられると、「黙ってはいられない、何かしてやらねば！」という切ない気持ちにさせられる。そしてどういうわけか、その上目遣いに、メーキャップしたチャップリンの目を、わたしは連想してしまう。

ゴン太の目は、まだ恐怖色濃厚とはいえ、「散歩、行くよ！」と声をかけると、わずかに目を輝かせるようになった。そして緊張が緩んだときの目は、とても愛らしい。逆に、苦手な来客中の部屋に移動するとき、「あっちへ行くよ」と促すと、困った！と、弱り切った目になった。

仕事中に、ふとゴン太の様子を見ると、なにか達観したような眼差しで、見るともなく一点に視線を注いでいることがある。そうかと思えば、好天の午後、庭でポートレートを撮ってやったときには、細めた目に、わたしは尊厳を見た。が、あとで気づいた。単にまぶしかっただけのことらしい。

そして正直に言えば、ゴン太が困惑したときの目が、案外かわいい。まあ、表情豊かな目であるが、喜怒哀楽の「怒」を、わたしは見たことがない。

人間不信で気の弱いゴン太にも、人とのふれあいを求める能動的な行動が一つだけあった。一緒に暮らしはじめてから、よく手を出す犬――と感じていたが、一般的な「お手」とも違う。ゴン太の前にわたしがしゃがむと、何も指示しないのに自ら手を差し出すのである。これは人と接触を持とうとする臆病犬の、精いっぱいの行動に見える。

そして、このような状況のとき、ゴン太は口をむにゃむにゃと動かす。どうかすると鼻面を、ペロリとなめることもある。なぜなのか理解できない。

「緊張したときにするよ」

妻は、そう言うのである。本当だろうか……。

狂犬病の予防接種を受けにゴン太を隣町の動物病院へ連れていったとき、田村先生に「口むにゃむにゃ」の件を尋ねてみた。すると、妻の言うとおりだった。ただし緊張したときだけでなく、虫歯などで口内に痛みや違和感があるときにも見られる行動だと先生は言う。

ということは、ゴン太は虫歯ではないから、緊張しながらもふれあいを求め、おずおずと手

を差し出していた、と考えることができる。そこに、臆病犬から抜けだす可能性を、わたしは感じるのである。

ゴン太が少しでも早く家族としての自覚を持てるように、家族みんなと仲良くできるように、わたしはできるだけ声をかけるようにした。声をかけられれば、犬もうれしいだろう。むごいことに鎖につながれたまま放置され、かろうじて餌だけは与えられるものの声ひとつかけられず、飼い殺し状態の犬だっている。声をかけて行動を共にすることで、犬との親密度は増すはずである。

わたしは散歩に出かけるとき、「散歩、行くよ」とゴン太に声をかけ、道路を横断するときは「待て」でいったん立ち止まり、車が接近していないか左右を確認したあと「よし」でわたる、という具合に、声をかけながら行動を共にしている。覚えるかどうかは、ゴン太任せ。

わたしには「しつける」とか「教える」という考えはさほどなく、要するに「声かけ」は、縮みねじくれたゴン太の心を、もとに戻すための言葉によるスキンシップであり、精神的後遺症のリハビリテーションのつもりでやっている。

わたしは家の中でも、折に触れてゴン太に話しかけ、できるだけ名前を呼んでやる。するとゴン太は、思いのほかよく聞いていて、言葉の違いだけでなく声のニュアンスやその場の状況から案外気持ちを伝えられる。

とにかく、早くゴン太が本来の姿を取り戻すように、いや、そこまでいかなくても、普通の犬並みになるようにと、わたしなりに配慮しているのである。が、取るに足りないことで、その配慮が切れる。

そのあたりがうまくいかないから、ゴン太が道端に投げ捨てられた食べかすを口にした瞬間、「だめ！」と思わず声を荒らげ、リードを強く引き寄せたことがあった。そのとき、わたしは反省した。飼い主の意識の向上と、それにともなう行動の変化が、動物の幸せに直結する、と。

大目に見ているが、ゴン太は立ったまま食事をする。お行儀よくお座りなんてとてもできない。わたしは行儀を重んじるのではなく、お座りして食べたほうが落ち着いて食べられるのに、と思うのである。とはいえ、犬の祖先であるオオカミが、お座りして食事をする場面を、わたしは見たことがない。

オオカミは群れで生活するなかで、仲間に遅れをとらず獲物を食べようとして、立ったまま急いでがつがつ食べるのではなかろうか。それに食事中は無防備になりがちだから、他の動物に襲われたとき、立ち姿勢のほうが身をかわしやすいに違いない。

ゴン太は、そういう祖先の習性を受け継いでいることだろう。しかし、そこに後天的な要因が加わっている。つまり、食事中に飼い主から嫌がらせをされ、安心して食べられなかった悲しい体験が積み重なっていると思う。

だからゴン太の食事スタイルといえば、前足をつっぱって食器に口を突っ込み、下半身を後ろに引きぎみの姿勢で、食べようとする心と、まわりを警戒して逃げだそうとする心が、体の真ん中で断ち切られているから落ち着きがない。

食べている最中に、カチャッと物音でもさせようものなら、ゴン太は驚きのあまり「ヒィー」と叫んで飛びのいてしまう。

食べることは喜びであり楽しみであるのに、ゴン太は不安と恐怖をドッグフードに混ぜ合わせ、それを一気に呑み込むような食事を強いられていたのではないだろうか。ゴン太を捨てた人間は、この犬を、いったいどんなふうに扱ったのか。わたしは憤りを覚える。

また、過去の境遇によるものと思うけれど、とにかくゴン太には、こわいものが多すぎて困る。散歩中や庭遊びのときは、他の動物のにおいなどゴン太の関心を引くものが多いからまだしも、家の中では気が休まる暇もないほどびくびくしている。

人への恐れはもちろんのこと、カシャカシャ音のするアルミホイルも、パリカシャ、ポコペコと音のするコンビニ弁当の容器もこわい。室内に侵入し、羽音けたたましく飛びまわるハチもカメムシもこわい。それにくらべれば迫力に欠けるハエにさえ、そわそわする。

絵の掛けかえや蛍光管の取りかえで、わたしが踏み台に上がっても、巨大に見えて恐ろしい。家具の移動もガタガタ音がしてこわい。家具を持ち上げようとして、わたしと妻が力むこと自体、異常を感じて恐れる。

もっとこわいのは、ハエたたき。それと孫の手も。手にしただけで別室に逃げ込んでしまう。ハエたたきで「バシッ」などとやれば、ゴン太のか弱い心臓はショックで停止しかねない。ゴン太のためにも、静穏な日々を送りたいと思う。

ところで、ゴン太は何歳なのか？　おおよその年齢を知っておきたかった。犬の健康を管理するうえでも、年齢がわかっていれば対処の目安になるだろう。

素人の当てずっぽうだけれど、わたしの勘では三、四歳ぐらい。獣医の田村先生に尋ねると、七歳ぐらいと推定した。そのあと先生は、「犬の年齢はわかりづらい」と一言つけ加えた。

「先生はヘンなところに気をつかう人だから、遠慮したかもしれないよ」

妻は、そう言う。

とすれば、新しい飼い主になったばかりのわたしに気を遣い、先生は何歳か若く見積もった、ということか。それならゴン太は、八歳、いや九歳ぐらいかもしれない。

妻の話では、たいてい捨てられた犬は、飼い主に見捨てられたショックに加え、追いまわされて捕獲され、居心地の悪い収容施設に抑留されて不安と恐怖をなめている。そのため憔悴《しょうすい》し、実際の年齢よりも老けて見えることがあるという。

……なるほど、ありそうなことだ。ということは、ゴン太がつらい体験で年寄りじみて見えたとすれば、わたしが感じた年齢より若いかもしれない。若く思いたい気持ちがないわけではないが、それにしても先生とわたしの推定には隔たりがありすぎる。しかも、「犬の年齢はわかりづらい」の一言が、胸に引っかかっている。……なにか納得しがたいけれど、ここは、やはり専門家の推定に従うことにした。

それで、ゴン太の年齢を七歳とするなら、わが家に来るまでの七年間を、この犬は耐えつづけてきたことになる。その負の蓄積が重圧となり、ゴン太の心にのしかかっているに違いない。

ゴン太の心が解放されるには、それに見合う時間が必要である。ゆっくりと時間をかけて、時が癒やしてくれるのを待つしかない。欲目かもしれないが、ゴン太には苦難に耐える強さがある、と信じたい。

第４章　出不精の飼い主

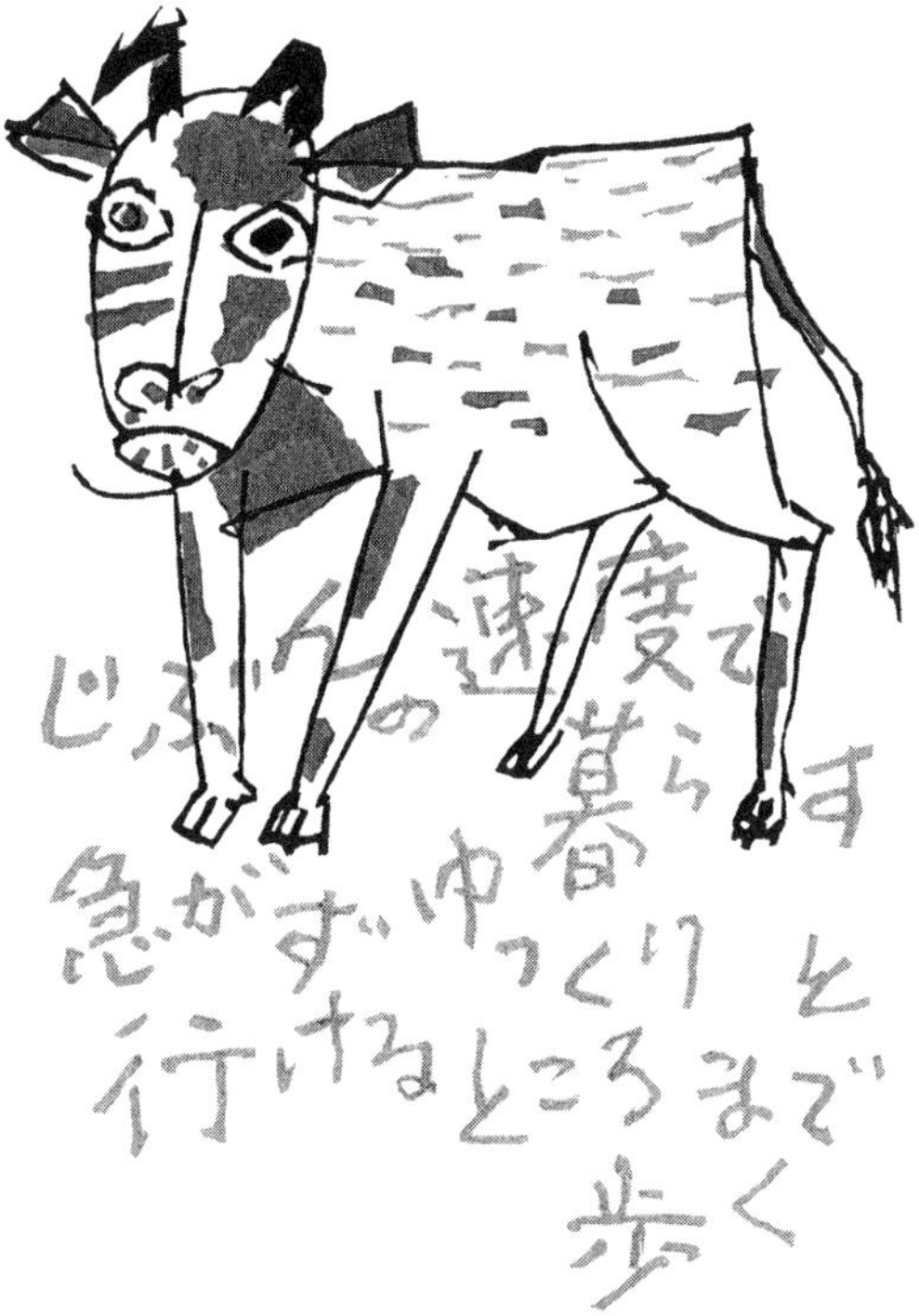
じぶんの速度で
暮らす
急がずゆっくりと
行けるところまで
歩く

「牛」木版　2008

わたしは個展や公募展などで、絵を積極的に発表していた時期が二十年ほどある。しかし二〇〇〇年ごろを境にして、ほとんど絵を発表することがなくなった。

顧みればマイナーな絵かきにとって個展を開くための経済的負担は、非常にきびしかった。甚だしく高額の画廊使用料に加え、額縁代も重くのしかかる。案内状の印刷代や郵送料のほかにも付随する出費は多い。経費節約のため絵を自分の車で会場まで運び、苦労して個展を開いても、それに見合うほど絵は売れなかった。

また、東京や海外の公募展への出品にしても、つねに経済的問題はついてまわった。そして、やっとの思いで出品した作品でも、入選しなければ人目に触れることもなく送り返されてきた。

心血を注いで描いた絵は、多くの人に見てもらいたい。これは絵かきに限った話ではない。鑑賞してもらうことで作者と鑑賞者のあいだに新しい価値が生まれると思う。わたしは作品をとおして、絵を見てくれる人と感動を分かち合いたいのである。

だが、絵を描くことも絵を発表する自由も、経済力がともなわなければ制限されているに等しい。そして絵の評価と絵が売れることとの基準は、作品内容とは別次元にあるらしい。とはいえ、絵かきが作品を発表しなければ、絵を買ってもらう機会がない。制作を持続できないばかりか生活に困る。わたしは従来の絵の発表のしかたに限界を感じ、半信半疑ながら発表の場をウェブサイトに求めた。

それで、ゴン太がやって来たころ、わたしはパソコン初心者にもかかわらず、ホームページ開設をめざして勉強中であった。けれども、ついこの間までパソコンを毛嫌いしていた人間であり、その方面の知識はまったくない。何をどのような手順で行えばよいのか皆目見当がつかず、スタートラインに立ったものの困惑してしまった。

とりあえずホームページ作成と開設についての解説書を買い求め、未知の用語にとまどいながら、まず読んだ。パソコン用語事典を繰り、いちいち語句を調べながら読み進むため時間がかかる。おまけに用語事典の解説自体、わけのわからない未知の言葉ばかり。それでも我慢して一読した。しかし、何がなんだかさっぱりわからない。

それでもあきらめず再読し、再読しながら重要と思われる部分は、おそるおそるパソコンをいじって実際に試してみた。

こういう作業を嫌になるほど粘り強くやっているうちに、わからないなりに少しは理解できるようになり、未知の言葉とパソコン操作への抵抗がしだいに薄れていった。それを踏み台にして執念深く三読すると、どの部分にどんなことが記されているのか、おおよそ見当がつくようになる。

そこで、もうひと頑張りして同種類の解説書をもう一冊読むと、案外見通しのよい感じで読めるようになる。

このあとは解説書二冊を参照しながらパソコンを操作し、作業を進めていった。わからない箇所はそのつど慎重に調べ、それでも理解できないことや設定の仕方がわからないときは、パソコンに精通する若い友人の来宅を待ち構えて教えを乞《こ》うた。しかし緊急時には、ヘルプを求めた。

このような方法で勉強し、半年以上かかってホームページ開設にこぎ着けた。それでわかったことは、開設には、覚えなければならないこと、やらねばならぬ作業がやたらに多いということだった。インターネットへの接続はもちろんのこと、ページ作成など各種ソフトのほか、デジタルカメラやスキャナーなど周辺機器の使用法を覚えねばならず、使用するソフトのインストールもしなければならない。とにかく初心者には、作業のひとつひとつが苦痛であり、誤った操作をすればパソコンが爆発するのではないかと、ゴン太並みの小心さであった。

パソコンに向かいドキドキ、ハラハラ、ウンウン苦闘するわたしの様子を、ゴン太はつぶさに観察していたけれど、不慣れな分野の勉強と作業をいっぺんに、しかも集中的に行ったものだから、わたしは混乱した頭で迷路をさ迷う状態に陥った。

それ以来、悩まされつづけている首筋と肩の凝りに、さらに重圧感が加わり、脳と神経はマイッタ状態であるにもかかわらず、無用の長物と考えていたパソコンは、急激に必要不可欠なものになっていった。生活のため絵だけでなく、デザインの仕事も手がけていたわたしにとって、画像ソフトやデザインソフトは、まことに相性がよく便利な道具であった。

で、ホームページ開設の成果といえば、たいしてなかった。一、二年たち、ほとぼりが冷めたころ気づいたのである。マイナーな絵かきのホームページは、やはりマイナーであることを。わたしには絵の仕事があり陶芸まで始めている。そこに目の疲れるパソコン作業が加わり、やることが多すぎて毎日じつに忙しい。ゆえに外出する暇など、ゴン太の散歩以外にはないのである。

このような次第で二十一世紀に入ってから出不精になったが、理由はほかにもある。車の運転ができるようになったペーパードライバーの妻が、ほとんど外の用事をすませてしまい、外出の必要が減少したことは大きい。しかし本当は、人間の社会が嫌になってきたのだ。されどわたしは、硬派の隠者になれるほど根性が据わった人間ではない。

世の中を見わたすと、一生懸命働いても貧しさから逃れられない人が多すぎる。意欲はあっても就職できない若者。使い捨て同然に解雇される派遣や正規の労働者。家賃の支払いや住宅ローンの返済に苦しむ人。医療費の高負担に耐えられず病院にかかれない老人。このような人々が社会にあふれている。年間三万人以上の自殺者を、毎年連続して出すこの国では、命がティッシュペーパーのように軽さを帯びていないだろうか。

この世に生を受けたものの人間でさえ、ささやかな願いも楽しみもかなえられず、健康で文化的な最低限度の生活をいとなむ権利すら現実には保障されない社会では、動物に目を転ずると、ペットや家畜、野生動物は、人よりもさらに弱い立場におかれている。動物の命は、人間の思うままである。

たとえば、もっとも身近な存在である犬と猫は、北海道内だけでも毎年、合わせて八千頭以

上が、ごみを処分するように殺処分されている。そして実際に自治体では、衛生業務の一部として犬猫を処理している。人間の社会は、命を尊重する姿勢が欠如しているのではないか。犬や猫は人間と同じように、苦痛も、恐怖も、喜びも感じる「命」である。

犬や猫が大量に殺処分されている状況と、人間が弱いものから順番に犬猫のように排除されている現実は、経済ばかり追い求める社会の現れではないか。権力や経済力がモノをいう社会にあって、弱者であるわたしたち庶民はいかにして生きればよいのか、と言いたくなる。

流水は高所から流れ下り低所を潤すというのに、人間の欲望を満たすため便利に用いられるお金は、下層から頂点をめざしてさかのぼる。そのカネによって肥大した者は、更なる欲望の充足を図り、いわゆるグローバルな経済活動を展開する。そしてグローバルな活動により地球の自然が壊滅的な状況に陥っていることは、識者ならずとも容易に想像できよう。

「グローバル」という言葉には、地球的規模で強力に事を推進するという発展的な響きがあるとしても、要するに自然と人間からの搾取・収奪の規模の拡大にほかならない。グローバルな活動は、土地・地域という人間存在の基盤を根底から崩壊させるものではなかろうか。グローバル化は「大航海時代の現代版」と、わたしの目には映る。

そして、グローバル化とデジタル技術・情報技術の導入の拡大が、急速に同時進行する状況に脅威を感じる。

大量の情報を瞬時に処理し、コントロールできるデジタル技術は、人と物、あるいは自然を一元的に管理・監視するには便利かもしれないが、管理される側の圧倒的多数者である庶民が、それに無関心であってはならない。さまざまな商品が社会にあふれ、大量の情報が日々めまぐるしく飛び交い、建造物が作られては取り壊され、また建造される。刻々と風景を変えていく国の、過剰で変化の激しい社会に、わたしたちは右往左往していないだろうか。貧困、不安、いらだち、不満が充満する状況において、消費をあおられ、だれもが数々のデジタル機器を所有させられている。

わたしは、自分の生きる速度では、もうこの社会についていけない。冷静に、いまの時代と自己を見つめなければいけないと思う。


出不精のわたしといえどもテレビ・ラジオ・新聞などの報道で、それなりに世の中のことはわかる。けれど、あまりにも情報量が多すぎて、かえってわたしの頭は混乱するばかり。そして案外、必要な情報、ためになる情報は少ない。むしろ必要でもない情報を押し付けられているような気がする。

わたしは絵かきとして、いろいろなものに興味を持つ。それは、人間として深みを増し、より人間らしくありたいという気持ちからである。そして、そうあらねば、つまらない絵しか描けないようにも思う。とはいえ「人間らしさ」とは何なのかと問われれば、一言では答えられない。つまり考えがまとまらず、わかりやすく説明することなどできないのである。

ただ思いつくままに挙げれば、誠実であること、人を思いやる心があること、こつこつ仕事をする粘り強さがあること、を思い浮かべるが、人間らしさには強さや賢さだけでなく、弱さや愚かさも含まれていると思う。そして人間らしさは、他者との関係においてあるものであろう。で、どういうわけか、わたしの頭の中では「人間らしさ」と「自然であること」が結び付きがちなのである。

「人間らしさ」についてすらこのような状態だから、日々飛び込んでくる情報から気になる一つを取り上げて少し掘り下げて考えると、わからないことばかりである。そのわからないことをわかろうとして調べたり考えたりすると、わたしの頭はすぐに疲れる。

考えることはエネルギーを消耗しやすいから、食事中はテレビ画面をぼんやりと眺めながら、ひ弱な頭を休める。それで、ぼんやり眺めていると、「何かおかしい」と感じることがある。するると、また考えはじめる。ところが、そういうことが度重なると、マスメディアとは何だろう……と、また考えてしまう。

たとえば、テレビニュースで大手企業の新製品が紹介されると、企業が自社のコマーシャルで紹介すればよいのに、なぜ、と考えてしまう。都市部でのイベントの前宣伝があると、大規模なイベントは経済効果が大きいのか、内容を問われることもなく毎年かならず紹介されるのはヘンだと思う。時季になり、桜の開花が国民すべての関心事であるかのごとく報道されると、カタクリの花も、レンゲも、タンポポも愛らしいのに、桜が強調されすぎて違和感を感じる。スポーツニュースでは、競技場でのサポーターの熱狂ぶりに驚く。その映像は、望遠レンズの引きつけ効果で迫力を増しているのかもしれないが、わたしはとても彼らのように振る舞えないから、逆に異質な自分を感じてしまう。

ひとつのことに夢中になるのも人間らしさの現れだろう。しかしサポーターの熱狂ぶりを目にすると、同じチームを応援する者どうしの連帯感に包まれてストレス解消になるかもしれな

いが、彼らの貴重なエネルギーが、むなしくドームの外に放出されているようで心配になる。

競技場という限定された空間の中で、大勢のサポーターが勝ち負けをあらそう選手に声援を送る。ゲームには白熱した場面もあるだろう。それにともなう歓声が歓声を呼び、喚声が入り交じり、鳴り物が激しさをあおり、応援集団はむんむんとした熱気に酔いしれることだろう。そういう時間も人間には必要かもしれない。

しかしわたしは、そういう集団的ヒステリー状態の空間が苦手な人間なのである。ゆえにサポーターの姿がわたしの目には、考えることを放棄したような、自己を見失ったような、なにか人間関係をばらばらに断ち切られた人々が、ある種の狂気によって一つに束ねられているように見える。

このような熱狂的場面がクローズアップでテレビ画面に映しだされ、つねにそれを視聴していると、こうした行動は国民すべてが見習うべき行い、と錯覚しても不思議ではないだろう。その結果、「熱狂しない人間は、異常だ」と排除したくなるような感情が生まれることも予測できる。

何かに夢中になれる人がいる一方では、経済的格差が拡大し、困窮する人々が増えている。人間は考えることのできる動物だから、考えることを放棄してはいけない。そして、より人間的な価値と平和な社会をめざすには、一人ひとりの束縛されない自由で主体的な考えと、その多様性が基盤になる。そのためにもマスメディアは、事実の断片でなく、いまの時代と社会を見極めるための確かな情報を提供することが重要であろう。

そうは言っても、あふれる情報の中から真実をつかみ取るのは、やはり個々人の責任に帰するものか……と、また考えてしまう。

くだくだと述べてきたけれど、人間の世の中が嫌になったと言っていたところで始まらない。人間は、戦時にあって人間らしさを保つことは難しい。人間らしさは、愛、平和、平等の社会、希望がもてる社会においてこそ膨らみを増す。

だからわたしは、自分の無力さを感じながらも現在の境遇において「人間らしさ」を忘れず絵を描くこと、それがわたしの仕事だと考えるようになった。

それで早い話が、くくろうとして容易ではない腹をくくり、自分に与えられた仕事をやり抜けばいい、そういう気持ちの膨らみが、二十一世紀に入ってから出不精という形で表れたのである。

虫けら同然のわたしが、地球の塵《ちり》のごとき微小な部分に生き、そこで毎日絵を描いている。

庭に出るとマイマイカブリをはじめとして、わたしが好意を寄せるキリギリスやトンボなど、さまざまな虫に出合う。数々の草花も咲く。その小さな命は、権力とか経済力という国家や世界を支配する巨大な人為とは無縁の存在である。

しかし、人間という欲望のブルドーザーは、自然という果てしなく大きな存在の手のひらの上で暴れまわり、無数の命を奪いつづけている。が、それでも、草も木も虫も耐えている。開発によって山が削り取られ、湿地が埋め立てられて踏みつぶされても、海や川が汚染されようとも、生きものは命が尽きる瞬間まで、与えられた命をひたすら生きる。

小さなものは美しい――

彼らを見つめて、そう思う。ちっぽけな命に、不思議さと尊厳を感じる。古い家に暮らすわたしは、ワラジムシやゲジゲジと同居しているようなものであり、家の外を眺めれば草だらけ。幸せなことである。周囲の自然が、わたしを取り巻くすべての野生が教えてくれる。

自然は命であることを――。

生きものの命という小さな自然は、互いにつながり合い、結び付くことによって大きな自然を形づくっている。その中で無数の小さな命が生かされている。むろん人間の社会もその中にある。ゆえに、わたしは虫たちのように、一途に生きるしかない。身近なものに心を寄せ、自分の速度と方法で仕事をすること。そして、かけらほどでもいいから絵に命を吹き込むこと。それに向かって歩きつづければいい。と、マイナーな絵かきなりの境地に達したのである。

引きこもりと言われても致し方ないが、わたしは何かしら仕事をしながら四六時中ゴン太と過ごし、この犬の世話をしているのである。

第５章　ドッグランができる理由《わけ》

蒸気機関車の
たくましさで
燃えた
石炭ストーブ
昔
炭鉱街は
雪も雀も
油煙にすすけた

「ストーブと少女」木版　1993

長い冬に耐えてきたわたしは、五月の緑に胸が躍る。草木が芽生え、勢いよく生長しはじめると、日ごとに周囲の緑が心の中にまで浸透してきて、ようやくわたしは冬の気分から解放される。わたしにとって五月は、かなり出遅れぎみだが一年のスタートラインのような感覚がある。

とはいえ草丈はぐんぐん伸びて高くなり、木々は青々と茂る。わが家は鬱蒼《うっそう》とした緑に覆われていく。すると風通しが悪くなり、家の中まで湿っぽくなる。おまけにブヨや蚊が発生し、蛇がはい出してくる。

わが家は自然たっぷりの環境だから、草陰には無数のマダニが潜んでいる。それがゴン太や猫たちにくっついて血を吸うからたまらない。いくら虫の好きなわたしでも、マダニだけはどうしても好きになれない。だんだん我慢できなくなり、五月下旬ごろになると草刈りを始める。

花粉症ぎみのわたしは、マスクをかけた上にさらに手ぬぐいを巻きつけ、鼻と口を防御する。絵かきにとって大切な目は、ゴーグルで守る。薄くなった頭に帽子をかぶり、安心と安全と足元の安定のために、昔、老友にもらった形見の、しっかりした革製の登山靴をはいて草刈りに臨む。エンジン式の刈払い機を使っているものの、庭は広い。夏の末までに軽く二十数回は草を刈る。草を刈ってやらないと、短足のゴン太は身動きしづらいのである。

わたしはあくまでも自分の美的感覚にしたがい、草を刈り進んでいく。まず、庭を一周する主要ルートを切り開く。次に、この環状線を横断するルート、そして分岐ルートといった具合に思いのまま道をつけていく。するとゴン太は、存分に走りまわることができるようになる。

そのあとは、ゴン太の運動用小スペースを、任意の場所に数カ所つくる。要するに草刈り作業は、線から面へと展開していくのである。

この作業を、日を改めて段階的に繰り返すことで、複数の小さなスペースが合体し、ゴン太専用のグラウンド、つまりドッグランができる。そしてドッグランは草を刈るたびに拡大していき、究極的に草刈り完了となるはずだが、そうはいかない。植物の生命力はまことにすさまじく、刈れども刈れども草はすぐに伸びる。

それに、昔、ゴルフを楽しんだというわが家の庭は、わたし一人では手に負えないほど広いのである。

わたしが住む三笠市は、かつて炭鉱の町として知られた。そしてわが家は、元Ｎ炭鉱株式会社の鉱業所長住宅として昭和三十年に建てられた家である。

この家は、坑夫の住宅にくらべると余りにも差がありすぎる。鉱業所長住宅とはいえ転勤族の社宅であるが、木造モルタルの平屋は、建坪六十六・二五坪と、とても広い。

ポーチをくぐり玄関に入ると幅一間の廊下があり、正面は応接室。右手には二畳の控えの間があり、その奥は座敷で、むろん床の間が設けてある。

左手に延びる廊下はダイニング・キッチンに続き、そのあいだに和室二部屋がある。その一部屋には床の間がついている。

ダイニング・キッチンの先、左手は裏玄関。右手に延びる廊下をいくと書斎と茶室がある。このほかに女中部屋があり、いうまでもなく洗面所、浴室はある。縁側は二カ所。トイレは来客用と家族用に分かれている。鉱業所長住宅は、おおよそこのような間取りである。

これにたいして坑夫の住宅は、一棟四戸から六戸ぐらいの長屋で、せいぜい六畳二間にもうしわけ程度の台所と物置がついているだけの貧弱なものだった。入浴は共同浴場で、少し時代をさかのぼれば、流しも便所も屋外での共同使用であった。

わたしたちがこの家に入居してから、猫の憩いの場となったダイニング・キッチンは、十二畳の細長い部屋で、隣に女中部屋がある。

女中部屋の入り口の壁にはインジケーター（指示装置）がとりつけられ、「門・玄関・応接・客室」の表示と、その下に場所を示すランプがついている。別室で主人がボタンを押すと、指示装置のブザーが鳴り、ランプが点灯して女中に指示を与える仕組みになっていた。

暖房は、炭鉱の坑内に発生するガス利用の集中暖房で、スチームヒーターが玄関、廊下、洗面所、トイレをふくむ全室に設置されていた。昔、招かれてこの家を訪れたことのある故老の話では、真冬でも窓を開けるほどの暖かさだったという。

ちなみに以前は、表通りに面してN炭鉱の倶楽部があった。二階建ての建物には多数の宿泊室と食堂、和・洋食厨房、浴室があり、ゴルフ練習室、卓球室、そしてビリヤードを楽しめる娯楽室もあった。

鉱業所長住宅は、この倶楽部の左手から斜めに延びる道の、奥まった場所にある。

そしてこの道は、市内で最初の舗装道路だと聞いている。かつて道沿いには温室やテニスコートもあり、所長住宅と倶楽部の南側の山裾は広大な芝生庭園で、夜間も使用できるよう照明塔が各所に設置されていた。

ところで、市内には解体を免れた炭鉱関連の遺構が、いまも数多く残っている。

炭鉱を象徴する立坑やぐらをはじめ、石炭積み込みポケットの基礎部分やシックナーと呼ばれる排水処理槽、N炭鉱の変電所、ズリ山、坑口神社、坑夫たちの住宅もある。そして、昔「炭住《たんじゅう》」と呼ばれた坑夫の住宅は、居住者はわずかとはいえ現在も市営住宅として使われている。

これらの遺構は、わたしたちが耳を傾けさえすれば、炭鉱の生活と労働のありさま、そして地域の歴史を語ってくれる大切なものである。若い世代に伝えるため保存すべきものは多い。が、放置されている。このままでは風化が進み、すべて崩壊してしまう。それどころか、解体されて資材用に持ち出されたものさえある。

鉱業所長住宅と倶楽部をとりまくこの一帯も、炭鉱を今に伝える場所である。ところが倶楽部は取り壊されて久しく、跡地には草木が繁茂し、もとの森林に戻りつつある。そして鉱業所長住宅は、わたしたち夫婦が居住することで、かろうじて昔日の面影をとどめているものの老朽化は甚だしい。

市から提供されて住むこの家を、周囲の環境をふくめ保存したい、という思いはあっても、わたしたちの力では無理である。

わたしは一九九二年、文化人として三笠市から招かれ、この町に移り住んだ。当時この町は、「炭鉱の暗いイメージ」を払拭し、新しい町づくりをめざしていた。

しかしその後、市ではなく、道レベルで炭鉱を見直す動きが生まれ、残存する炭鉱関連の遺構を、従来とは逆の視点から「遺産」ととらえた。そのころから「炭鉱遺産」「産業遺産」という言葉が使われはじめ、人々の記憶から消え去ろうとしている炭鉱を知ってもらうため、三笠市でも市民ボランティアが組織された。わが妻は長年、その事務局長を務めている。

ボランティアの手で炭鉱跡地の清掃や見学コースの整備が行われ、北海道内外から炭鉱の町を訪れる人が増えた。それにともないボランティアによる「炭鉱ガイド」が始まり、一時は炭鉱跡地をバスで巡る「炭鉱ツアー」が組まれたこともあった。

町を訪れる人は、石炭も炭鉱も知らない世代を含めさまざまで、興味の対象も、またさまざまである。地下一千メートルに達する坑内の労働現場に興味をもつ人もいれば、炭鉱の機械や構造物に関心をもつ人もいる。炭鉱の生活と文化に興味をしめす人もいれば、石炭輸送との関係で鉄道マニアも訪れる。果ては廃虚趣味が手伝って写真撮影にやって来る人もいる。そして調査に訪れる学者も多い。

また、産業を失った地域が疲弊する状況は日本だけのことではなく、海外でも同じ状況があり、ときにはドイツ、イギリスなど他国からの来訪者もある。

ともかく石炭産業が果たした役割は大きく、国のエネルギー政策が石炭から石油に転換されたいまでも、日本の近代化を支えた炭鉱と、その歴史を知ることは意義深い。

近代化は底辺で働く多くの労働者によって支えられたが、保安を無視した労働現場で、言い換えれば「命を無視した労働現場」で出炭をあおられ、坑夫たちは事故・災害の危険にさらされて命がけで働いた。しかし、国の政策が変わるとともに閉山の憂き目を見た。炭鉱の暗いイメージは、数多くの命の犠牲の上に推進された日本の近代化の形象そのものである。そして炭鉱の歴史には、囚人労働と外国人の強制労働の事実もある。炭鉱を知ることで、日本の近代化推進の実態と、この国の形が見えてくる。

地域の歴史を風化させないために旧産炭地は、坑夫とその家族の喜怒哀楽に思いを巡らせ、炭鉱の全体像を、地域にとどまらず伝えていく使命があるのではなかろうか。炭鉱に直接かかわった人だけでなく地域住民の一人ひとりが、それぞれの立場で考え、行動することは、地域の未来を切り開く力になる。しかし旧産炭地といえども、炭鉱ボランティアへの参加者はわずかである。

さて、炭鉱について何も知らないわたしが、初めて北海道を訪れたのは四十年ほど前だった。向かった先は、夕張の炭鉱街。夕張は妻のふるさと。妻は夕張の娘であった。

妻とふたりで札幌からバスに乗ったわたしは、見知らぬ風景を心に刻みつけながら窓外を眺めていた。ずいぶん距離があるなぁ……と感じはじめたころ、バスは山道を上っていた。そしてバスがトンネルを抜けると、明かりがともりはじめた家々から、石炭の燃えるにおいが漂ってきた。わたしは懐かしさとぬくもりを感じ、これが炭鉱の街なんだ、と思いをかみしめた。

翌日、夕張本町から沢の奥へと広がる炭鉱の光景を目の当たりにして、わたしは規模の大きさに圧倒された。同時に、炭鉱を知らないにもかかわらず、近代化推進につぎ込まれたエネルギーの巨大さを実感した。そして、コンクリート製の「採炭救国の像」（右腕を高く天に掲げ、左手でコールピックを支える坑夫の像。高さ三・六三メートル）の前に立ったときには、「国策」の二文字がすぐに浮かんだ。

岐阜県の平野部で育ったわたしは、まったく炭鉱を知らなかった。けれども小学生のとき、教室で石炭ストーブを使っていたから、石炭は知っていた。そして石炭の燃えるにおいも覚えていた。また、盆踊りのとき、かならず炭鉱節が流されたから、いまでも少しは歌詞を覚えている。炭鉱についてこの程度の認識しかなかったわたしが、鉱業所長住宅に居住するとは不思議な巡り合わせである。

かつて所長住宅と倶楽部周辺は、地域住民にとって近寄りがたい場所であった。炭鉱という閉鎖的な社会において、階層間の差別が人々に影を落としていただけでなく、この場所は実際に外部と明確に区別されていた。

所長住宅に続く舗装道路の入り口には「立ち入り禁止」の立て札がたてられ、そのうえ敷地の境界には、外部からの侵入を阻《はば》む有刺鉄線が張り巡らせてあった。庭掃除のときわたしは、ゴルフボールだけでなく錆《さ》びた有刺鉄線を、どれほど片づけたことか……。

わたしは、昔、炭鉱でにぎわった町で暮らすうちに認識が深まり、炭鉱を抜きに語れないこの町の歴史を伝えるものとして、鉱業所長住宅を保存したいと思うようになった。そういうわけで草刈りは、住宅と周囲の環境をできるだけもとの状態に保つための、わたしにできる精いっぱいの作業になった。

ゆえに、ドッグランは、環境保全作業にともなう「おまけ」である。ゴン太はうれしいだろう。しかしわたしは、孤軍奮闘でいささか寂しい。

第6章　いじわるな猫

「猫のピッピ」木版　1997

わが家はダイニング・キッチン中程の壁際に、ストーブを設置している。ストーブの前は、幸せな気分になれる場所である。この特等のスペースは猫領域の中心部であり、ゴン太は散歩から戻ると、この恐怖の領域を通過しなければ、安心できるテレビ台の下にも、わたしのアトリエにも行けない。朝昼晩の日に三度、毎日この領域通過を繰り返しているのに、ゴン太はまだ猫を恐れている。そ知らぬ顔でさっさと行き過ぎればよいものを、それがこの犬には容易ではない。

勝手口でゴン太の手足の汚れを落とし、いよいよ猫領域に踏み込む段になると、ゴン太の緊張は高まる。心臓は早鐘を打ち、喉《のど》が渇く。

ダイニング・キッチンに続く戸をガラガラッと開けると、ためらうゴン太。

決心がつかない――

が、いたたまらなくなり、ワアッと、スタートダッシュする。床に足を滑らせてばたつき、ゴン太は命からがら駆け抜ける。このドタバタぶりを猫たちは、あっけにとられて眺めている。

血相を変えてゴン太は、安心場所であるテレビ台の下にもぐり込み、やれやれと胸をなで下ろす。猫たちは手出しなど何もしていないのに、自分一匹で、勝手にこわがっている弱虫丸出しのゴン太である。

ゴン太が室内生活を始めたとき二、三日もすると猫たちは、ゴン太を家族として一応は受け入れてくれた。とくにテッテは、すんなり家族として認めてくれた。テッテは、ゴン太がおとなしい犬であることをすぐに察知しただけでなく、ゴン太のあまりにも哀れなありさまに同情したのかもしれない。

ゴン太と猫たちとの同居はすでに半年を過ぎ、猫たちは犬への興味など、とっくの昔になくしている。とはいえゴン太の生活は、家族によって大きく左右されるから、ここで先住猫二匹の紹介をしておきたい。

まず、テッテについて述べよう。

テッテは、ほんとうに素直で性格の良い猫である。ただ、少しヘンなのは、人を恐れるわけでも人間嫌いでもないのに、人が来るのを嫌がる。親しい友人が訪れても、宅配便の配達員が玄関に入っただけでも、いっぺんに驚き顔になり外に出ていってしまう。どうしてなのかよくわからないが、自分の居場所へよその人が侵入することに、どうも我慢できない質《たち》らしい。

この点を除けば、おおらかな性格で、わたしたちを困らせることはない。ところが、似通ったことがほかにもある。

妻が活動するワンニャンボランティアの関係で、保護した犬猫をわが家で預かることがある。テッテは人だけでなく、他の犬猫が来ることも嫌う傾向があり、それが子猫の場合だとなおさら嫌なのであった。
預かった子猫に甲高い声でミャアミャア鳴かれ、コロコロじゃれまわられると、室内の静穏が破られる。テッテは、それに耐えられないらしい。テッテは自宅では、とにかく静かな時を過ごしたいようなのである。
だから、そういうことがあると、それっきりテッテは一、二週間家に戻らないことも珍しくはない。長期になると一カ月以上も帰ってこないことが何度もあった。オス猫ならメスを求めて長期にわたり放浪することも考えられる。しかし、テッテはメスである。

それで行き先が町中ではなく、裏山なのがこの猫らしい。ノネズミや野鳥を補食して持ちこたえているらしい。そして、ほとぼりが冷めたころ、やせ細った体にいっぱいダニをくっつけて帰宅する、山猫のようにたくましい猫である。

テッテについては第九章でも触れるが、とにかくテッテは手が焼けない猫だから、このように簡単な紹介になってしまう。ところが、ピッピはそうはいかない。

アトリエには入り口とは別に、もう一カ所ドアがある。そのドアを開けると幅一間の縁側があり、座敷に続いている。夏が近づくと、わたしはドアと座敷の障子を開け放ち、アトリエと縁側と座敷を一続きのスペースとして利用する。広いほうが仕事をしやすく開放感がある。そして、これはゴン太にとって、自分の居場所が増えることになる。

ふだんゴン太は、窓際の作業用に設置した流し台のそばで過ごしている。それが、いつのまにか縁側に移動する。ゴン太にとって縁側はとても快適な場所で、寝そべっていても青空と山の緑が見える。庭の日差しが反射して縁側に映え、縁側は平和そのもののスペースである。

ところで、うちの猫たちは、「外に出してくれ」とか「腹が減った」など必要がなければアトリエにはほとんど来ない。それがどういうわけか、ピッピがよく来るようになった。

縁側には版木を収納した茶箱が置いてあり、ゴン太はその横で安らかに過ごしている。そこへピッピがやって来て、知らぬまに茶箱の上にあがっている。わたしが黙って見ていると、ピッピは何時間でも茶箱の上から、じっとゴン太を見下ろしている。獲物を狙って待ち伏せる猫の習性か、じつに執念深い。ゴン太は居心地のよいはずがない。目を落としたまま、首をすくめて腹ばい、弱り切っている。

こうしてピッピは、ゴン太に無言の圧力をかけつづけ、ひょいと気まぐれに、ほかの場所へ移動する。その際、ゴン太のすぐわきに飛び下り、その勢いでゴン太の鼻先をサワッとかすめて立ち去っていく。ピッピは仲良くしたくて接近するのではない。どう見ても、いじわるを楽しんでいる節がある。

耐えきれずゴン太がほかの場所へ避難すると、ピッピは行く先々に付いてまわる。ピッピを近づけないように注意していても仕事に気をとられているすきに、すぐに茶箱の上にあがる。

ゴン太の心に「安心」の芽が、ようやく芽生えはじめたというのに、臆病虫が活気づくではないか――。

わたしがゴン太をかわいがるから、ピッピは嫉妬しているらしい。しかし、その腹いせだとしても、毎日よく続けられるものだと感心する。

ピッピについて詳しく述べよう。

ピッピとは、すでに八年近くも一緒に暮らしている。ピッピは白黒のブチ猫で、美形である。マスクをつけたように目のまわりから頭と両耳が黒く、少し離れて背中としっぽも黒い。足にも黒い斑点があり、からだ全体の白と黒の面積比・位置などのバランスが整っている。十歳ぐらいで若くはないが、緑がかった金色の目は妖艶《ようえん》な光を保っている。

あるとき妻が、「家風に合わない子」と珍しくこぼしたことがあった。ピッピは自分中心で、おおらかさに欠ける猫なのである。けれど、ちょっと見では愛想がよく、客人にすり寄り猫なで声で甘える。

「まあ、かわいい！」とうれしがられ、頭をなでてもらう。

ピッピは自分一匹だけ、いい子にされないと面白くない性格で、べたべたと人の足にまつわりついて気を引く。生活を共にする者としては、うっとうしい限りである。そうかといって無視すると、柱につめを立てたり、戸をガリガリ引っかいて嫌がらせをする。

「ピッピ、おいで！」

と呼んでも、虫の居所が悪いとフンという顔で、逆にわたしを無視する。わたしの足がほんの少し触れただけでも、「フゥッ！」といって怒ることさえある。

食事を与えると、ピッピは自分の餌には口をつけず、テッテのキャットフードから先に食べはじめる。よく知恵がまわるものだとあきれていると、テッテは自分のフードを食べられているにもかかわらず、それを鷹揚《おうよう》に眺めている。

ピッピはこの家で、自分がいちばん偉いと思っているのである。

ときどき林さんが、わが家に立ち寄る。林さんは隣町の食品会社の社長夫人である。林食品は、うちから程近いスーパーマーケットにも総菜店を出し、店は彼女が切り盛りしている。林さんは働き者で仕出し弁当の配達もこなし、仕事の時間調整を兼ね、おしゃべりにやって来る。妻との雑談が、なんとも愉快な様子にみえる。

あるとき林さんが、彼女の足元にいたピッピを抱っこしたとたんに、「わあっ！」と叫んだ。

彼女の腕の中で、ピッピが嫌がらせのおしっこをした。恩義ある人にたいして何が気に障ったのかわからないが、このようにピッピの悪行は数知れない。かつて野良生活を送っていたピッピは総菜店の裏口で、林さんから食べ物をもらっていたのである。

快活でスリムな体形の林さんは、いつも元気な声で話し、よく笑う人である。彼女が訪れると静かで穏やかな室内は、にわかに活気を帯びる。いや、その場の空気が波立ち、ざわめきはじめる、と言ったほうが適切であろう。むろんテッテは、そういう雰囲気に耐えられる猫ではない。さっさと外に出ていってしまう。

折悪しく妻の留守中に、林さんがやって来たときのことである。彼女はいつも勝手口から入ってくる。勝手口は、わが家の中心部に到達する最短コースだが、それでも彼女にとっては、まだるっこい。しかも、「ごめんください」などとは言っておられない。つねにゲリラ的訪問である。

妻がいないと見て取った彼女は、ダイニング・キッチンから足音高く廊下を進み、ずかずかっとアトリエに入り込んだ。そして、わたしと二言三言ことばを交わしたあと、弾みで言った。

「単に、いじけているだけの犬じゃない――」

傍らのゴン太を、そう評し、けろっとしている。確かにその通りだが、こうもはっきり言われると、飼い主としては情けない。その直後である。

「だいじょうぶだ！」

そう言い放ち、林さんは立ち去った。何が、大丈夫なのだろうか……？

第7章　人間観察はこわい

「森の遊び」木版　1999

アトリエで一時間以上も話し込んだ人が帰りしなに、「あら、そこにいたの……」と驚くほど、ゴン太は存在感が薄いというかおとなしい。室内であまりにも静かにしているのでかわいそうだから、わたしは庭や作業小屋で仕事をするときには、できるだけゴン太を外に出してやる。

庭の若い白樺の木陰に敷物を敷き、幹にリードをつなぐと、ゴン太は室内と同様おとなしくしている。それでも、やっぱり青空の下は気持ちがいいようで、たまには仰向けに転がって敷物に背中をこすり付けていることもある。そうかと思えば上目遣いで頭上を気にしていることもあるけれど、たいてい木洩《こも》れ日を浴びて静かに緑の空気を呼吸している。そういうゴン太を見ていると、犬は人間と違い、考えるとか考えないとか、そういうことを超越しているように見える。ところが表通りから車が入ってくると、ゴン太は落ち着きをなくし、来客に緊張して表情が曇る。

世間には、犬を見ると相手になりたくて近づく人が案外多い。喜ぶ犬の顔を見たいのだろう。喜ぶ犬の顔は、人にも喜びを与えてくれる。

訪れた人は、ゴン太をなでようとして手を伸ばす。しかしゴン太は、まだ人の行為と、そして好意も、受け入れる心の余裕がない。びくびくして対応不能に陥ってしまう。

犬好きらしいから少しはいい顔を見せてあげればよいのに……と見守っていると、ゴン太はかたくなに拒んでいる。犬猫をむやみに構いたがる人がいて迷惑なこともあるが、「なでようとしただけなのに、なんという愛想のない犬なんだ！」という来客の怪訝《けげん》な面持ちに、がっかりさせて申し訳ないという気持ちになる。

「この犬は、うちに来る前、虐待されていたようなんです」

つい弁解がましい言葉が出てしまう。

「へえー、そうですか？」という相手の顔つきに、

「それで人がこわくて、ああいう態度なんですよ」と、さらにつけ加え、よけいなことを口走ったバツの悪さを感じるのであった。

世間の犬並みではなくても、もう少し人になつかないものかと思う。

こんなゴン太でも、庭遊びのときだけは明るい表情を見せるようになった。リードを外してやるとゴン太は、いったん駆けだす。が、すぐに戻ってきて、わたしについて歩く。わたしが走るとゴン太も走る。ゴン太は室内にいるときとは違い、まるで別犬のように晴れ晴れとした青空のような顔になる。

しばらく遊んでやると気持ちが和み、ゴン太はわたしを気にしながらも単独行動を始める。ここで、大切なことを教えなければいけない。

呼ばれたらすぐに、わたしのそばに来ること。そして、リードを取り付けさせることである。これは飼い犬が、よその人や他の動物に危害を加えないためにも、また飼い犬を危険から守るためにも日常的に必要なことである。だから、これだけはマスターしてほしい。しかし、それがスムーズにいかないから困るのである。

呼ぶとすぐに駆け寄ってくることもあるけれど、何かに夢中になっていると、ゴン太は上の空で聞いている。こういうときは仕方がないから口笛で呼ぶ。すると、たいてい顔をほころばせて走り寄ってくる。そこでご褒美に、ジャーキー一欠け

を与える。

ここまでは、まあ良い。

次は、ゴン太のボディーハーネスにリードを取り付けるのだが、ここでいつも手間取るのである。ハーネスの金具にリードを取り付けようとしてゴン太の背中に手を伸ばすと、ゴン太はひょいと身をかわす。わずかの差で、くるりと体の向きを変えてすり抜ける。手がとどく至近にありながら、ゴン太は素直にハーネスをつかませてくれない。

そういうときのゴン太は、ふわーっと口を半開きにして、横目でわたしの様子をちらちらうかがいながら、ぐずぐずしている。

――まったくもう、じれったい！

捕獲しようとして容易に捕らえられなかった以前のゴン太を思い出す。しかし、こういう犬なのだ。人に近づくことに抵抗がある。体に染み込んだ人間にたいする不安が抜け切らないから、飼い主のわたしにでさえ、いまだにこういう態度である。だから友人であっても、よその人が庭に居合わせると呼んでも来ない。呼ばれたことはわかっているから照れ隠しにへへへッと口元に笑みをにじませ、裏山の斜面の安心できる位置にお座りして、こちらの様子を眺めている。

気がもめるけれど、いい表情を見せるようになった。

ゴン太を人になれさせるため、「線路の灯《あか》り」という炭鉱ボランティア（第五章で既述）主催のイベント会場に連れていったことがある。

かつて石炭輸送のため敷設された鉄路の一部が、町にはいまも残っている。その約二・五キロの線路上に、千本のロウソクを並べて灯をともし、それに呼応するかたちでズリ山の頂上でかがり火を焚くのである。

市の人口は閉山にともない流出し、町にとどまった炭鉱関係者は高齢化している。旧産炭地にもかかわらず、炭鉱の記憶は薄れるばかりである。このイベントには「炭鉱の記憶を風化させず、若い世代に伝える」という思いが込められている。

めざすは本部――。

といっても小さなテント一張りの小規模なもので、うちから本部は目と鼻の先である。ゴン太を連れて見に行くと、ペットボトル利用の風よけにロウソクが立てられ、枕木の上に等間隔に長々と並べられている。日没を待ち、いっせいに点火するのである。

本部には、ボランティア関係者が二十人ほど集まっている。

ゴン太はおずおずとテントに近づく。

札幌から手伝いにきた顔見知りの若者が何人もいる。

もっと近くにゴン太を連れていこうとして、わたしはリードを軽く引き寄せた。七月の日暮れは遅い。点火までには、たっぷり時間がある。おしゃべりに花を咲かせて待機しているらしい。

イヤイヤをするゴン太──。

わたしとゴン太に気づき、笑顔でみんなが注目した。テントまであと三メートル。彼らに話しかけようとして「もうちょっと」とリードを引っ張ったとき、ゴン太はおしっこをちびってしまった。

まずい！

その場を離れると、手伝いにきていた犬好きの田畑さんに出会った。

田畑さんが散歩させたいと言うので、しかたなくゴン太のリードを預けると、なにやら声をかけられながらゴン太はしぶしぶ十数メートル歩き、鉄路の上でついに動かなくなった。すると田畑さんは線路に腹ばい、ゴン太と同じ目の高さで「おいで、おいで」を始めた。手なずけようとして夢中である。

しり込みするゴン太と、リードを手繰る田畑さん、レールを挟《はさ》み人と犬とがいつまでも頑張っている。いずれ劣らぬ強情者らしい。

こんな具合でゴン太は、なかなか人になれない。散歩中に前方から人が来ると不安になり、ゴン太は逃げ腰ですれ違う。まれに舗装工事の現場に出くわすと、ゴン太の体はこわばった。手旗を持つ誘導員の大声とそのいでたちに驚き、地を揺るがす機械音がこわい。やむなくわたしは、しり込みするゴン太を抱っこして、その場を通過することになる。硬直したゴン太の体から震えが伝わってきた。なんとかして人間への恐怖心を取り除いてやりたい。どうすればよいのか……。

考えてみると、日々なにげなく繰り返している散歩だが、これは好機だ。

過疎化が進む町ゆえに散歩中に出会う人はわずかでも、ゴン太は、出会った人とわたしの対話場面を観察しているはずである。この人間観察の機会を多くしてやれば、世の中、こわい人ばかりでないことがわかるだろう。人怖《ひとお》じ軽減の効果があるのではないか。それに、これは散歩という日常生活での自然な行為でもある。

そう思いつき、わたしは前よりも積極的に出会う人に声をかけた。

家庭菜園で野菜作りにいそしむ婦人に、

「おはようございます」と声をかける。

「あーら、散歩。いいわねえ」

この人は、モモというメス犬を飼っている。ゴン太はときどき、モモと並んで散歩する機会を得る。人見知りも犬見知りもするゴン太だが、モモとは相性がいいようで、いや、モモがメスだからであろうか、仲良く散歩できる。そしてゴン太は、飼い主の婦人にもあまり抵抗がないらしい。対人恐怖症のゴン太でも、自分の都合で少しは融通をつけられるようである。

婦人宅の塀によじのぼった蔓《つる》植物が、濃いオレンジ色の花をみごとに咲かせている。尋ねると、ノウゼンカズラとのこと。名称は知っていたが、わたしは実際の花を見た覚えがない。なるほど、この花かと、すっきりした気分になった。

「持っていくかい！」

こうして通りすがりに眺めるだけで十分である。丁重にお断りした。

たまに、ごみステーションで見かける老人が、わたしたちが近づいたとき、身をかがめてゴン太を見つめた。

「犬が死んでぇ寂しいんで、猫を飼ったら犬みたくついて歩く……」

老人は顔を上げ、歯の隙間から漏れる息とともに、ぼそぼそ言うのであった。

果樹園の奥さんは、まめまめしく働く人で、仕事が忙しいにもかかわらず園内のいたるところに花を植えている。道路際の花壇には幾種類もの花が咲き、わたしはそれを眺めるのを楽しみにしている。

「おはようございまあーす」

大きな声であいさつすると、奥さんは草むしりの手を休め、腕を後ろにまわして腰を伸ばして言った。

「おいで、おいで、まだ来られないのかい！　いやあー、ハッハッハッ」

日焼けした奥さんの顔は、お日様のような笑顔になった。

ニセアカシアや柳の緑に目をやりながらしばらく行くと、畑が広がり、背の高い一本の針葉樹と栗の木が見えてくる。この農家にはついこの間までハスキー犬がいた。七十を過ぎた老婦人は、歩道のわきに設置された郵便受けの前に立ち、わたしとゴン太がそばに来るのを待っている。

「ゴンちゃんかい……」

おばあさんは、話をしたくて声をかけてくる。

「いつもカラスが二羽で来て、あれはツガイで、うちから離れないのさ」

「あそこに止まっているカラスが、そうなんですか？」

わたしが電柱を指さすと、おばあさんは、それにはかまわず
「うちのワン子は年で死んでぇ、……うむ、噛《か》む犬だった」と目を潤ませた。

「ゴンちゃん、おとなしいねえ」

おばあさんはそう言ったあと表情をもとに戻し、手にした朝刊を腰に当て、にこにこしながらまた話しはじめた。リードを引っ張る力を感じ、横目でちらりとゴン太を見ると、早くこの場から立ち去りたい、と顔に書いてある。

人を恐れるあまりゴン太は、心に余裕を持てず、じっくりと人間を観察できないのであった。ひとたび体に染み込んだ、びくびく癖は消し去りがたい。

第８章　ロクベエの思い出

「家族」木版　1989

犬と人間のつきあいが始まったのは、一万数千年前とも二万年前までさかのぼるともいうことである。氷期と間氷期をくり返した更新世（およそ一八〇万年前から一万年前）の末期、人間はマンモスを追ってアジア、シベリア、アメリカ大陸へと、北半球を集団で移動した。その途方もなく長い道のりを、犬は人間と共に歩んだ。その犬と人間の歴史に、わたしは感動する。その歴史のなかにゴン太の祖先があり、そのつながりにおいてゴン太が在ることの不思議さと、ゴン太の命の重さを感じるからである。

同時にその歴史は、犬が人間に翻弄《ほんろう》された歴史、と言い換えることができよう。

犬は人間のために、さまざまな役割を果たしてきた。愛玩犬や番犬、セラピー犬、盲導犬、災害救助犬など、いろんな犬がいる。わたしが子どものころは、大八車やリヤカーを引く犬は珍しくなかった。映画やテレビコマーシャルに登場するスターのような犬もいれば、サーカスで芸を披露する犬もいる。犬橇《いぬぞり》などのレース犬や警察犬もいれば、麻薬捜査犬もいる。また、実験用の犬もいれば、かつては軍犬としても用いられた。そして犬は、食用にもされれば、他の飼育動物の餌にもされる。

これほど人のために働き、役立つ犬を、人間はただ利用するだけでなく、とくに家庭で飼う場合には、犬にも生き甲斐を感じられるようにしてやりたい。恐怖や苦痛は絶対に与えたくない。カネもうけのために利用することには賛成できないし、犬をたたかわせる闘犬はむごい。警察犬、麻薬捜査犬、軍犬など必要のない社会がいい。

さて、室内犬になったゴン太とわたしの密着度は、べたべたに濃厚で、ゴン太は片時もわたしから離れない。そして四六時中わたしの心にはゴン太があり、ゴン太の心にはわたしがあって、その心の交信とでもいうようなものが無意識のうちに行われていた。

ゴン太はわたしの良き相棒で、わたしはゴン太の世話をすることができる自分を幸せに思う。忙しさはいまも変わらないけれど、以前は動物の世話をする心の余裕も時間もなかった。

振り返ると、わたしはいつも犬や猫と暮らしてきた。しかしゴン太との比較では、かつて飼い犬・猫の面倒をどれほど見てやれたか、と彼らにすまない気持ちになる。

そこで、懐かしい犬のロクベエについて述べよう。

わたしは北海道に移住してから、まもなく三十三年になる。埼玉を離れ、石狩平野の東部に位置する岩見沢市の郊外、幌向《ほろむい》に移り住み、そこで十二年暮らした。

田園の中の小さなベッドタウン幌向は、札幌に近くて便利だった。函館本線利用の通勤は歩く時間をふくめ約五十五分。埼玉から東京のデザイン事務所に通っていたころと同じ時間で気にならなかった。また、都会に住み慣れたわたしは、札幌に近いことで安心感のようなものがあった。

幌向の天と地に二分されるだだっ広い風景は、ヤチダモの木、柳、ポプラ、そして送電線の鉄塔がわずかにアクセントを添えていた。

その風景は、寒冷な気候のもと、わたしの目には茫漠《ぼうばく》としたものに映った。水田地帯を走る道路は沈みやすく、暗渠《あんきょ》部分は盛り上がり、アスファルト舗装の道は波打つ帯のように見えた。この土地は泥炭地であった。

幌向のとらえどころのない風景と、吹き抜ける風の強さに、移住当初は戸惑いもあったが、地名「ホロムイ」の柔らかな響きが、わたしは好きだった。

この低湿地帯で明治期、入植者はヨシやカヤ葺《ぶ》きの粗末な開拓小屋で寝起きし、膝まで埋まる泥土に足をとられ、ヤブ蚊やブヨに襲われながら巨木を伐り倒し、草を焼き払って原野を切り開いた。打ち下ろす鍬《くわ》には草木の根がからみつき作業は困苦を極めた。それに加え、しばしば河川が氾濫し、冷害や霜害にも襲われた土地であった。かつて幌向原野と呼ばれたこの地は、入植者が自然と格闘した土地であった。

しかし、わたしにはその認識がなく、石狩川の蛇行によってできた近くの三日月湖へ、犬の散歩やスケッチに、たまには魚釣りにも行った。

埼玉に住んでいたとき勤めの傍らアパートの狭い部屋で絵を描いていたわたしは、もっと広い部屋でのびのび制作したかった。それで移住した翌年の春、無理をして建売住宅を買い、二階に二十畳以上の広さのアトリエを作った。新居に移ってまもなく、犬のロクベエが家族に加わり、入居後半年もたたないというのに水害に見舞われたのである。わが家は、一階のドアノブの位置まで浸水した。

たしか五百ミリ以上と記憶しているけれど、数日のあいだ激しく雨が降りつづき石狩川が氾濫した。流れは緩やかなものの、じわじわと水かさが増していく。妻と二人でテーブルの上に畳を積み上げ、大切な本や小型の家具、電化製品などを二階に運び上げた。思いつくままに応急処置をとったあと、水位が上昇し河の水がいよいよ玄関に迫ったとき避難した。

小柄な妻は、貴重品と急場しのぎの必需品を詰め込んだリュックサックを背負っている。その妻をわたしは背負い、さらに生後三カ月余りのロクベエを片腕に抱え、股《また》まである釣り用のゴム長靴をはいて浸水した道を進んだ。体は細いが体力には自身がある。わずか六、七十メートル行けば水から逃れられる。そこで背負った妻を下ろし、避難所に向かえばよい、と水を侮った。わたしは水を押し、頑張って進んだ。

しかし、無茶な格好である。予想以上に疲れる。あと二十メートルもないというのに耐えきれず、目に入った「島」にロクベエを下ろした。積み重なったコンクリートブロックが水没せず、うまい具合に島になっていた。

「すぐ助けに来るからね！」。わたしは祈る気持ちで子犬のロクベエをその島に残し、まず妻を乾いた場所まで背負っていった。そのあとすぐ、ジャバジャバ水を漕《こ》いで駆けつけた。が、しかし、ロクベエがいない。

――どこだ、どこにいるんだあー。わたしは水の中を捜しまわった。

だが、見当たらない……。

念のためもう一度、コンクリートブロックの島に視線を走らせると、その先七、八メートルのところに、ロクベエがリードごと引っ掛かっている。そこは住宅地の中に残された畑で、長芋の蔓が巻きつく支柱にリードが絡みつき、運よくロクベエは水から首を出していた。

一命をとりとめたもののロクベエには、このような被災体験があった。そのため水を好むというか、水にたいする抵抗がない。逆なのである。

当時、幌向は住宅地を外れると、ほとんど人に出会うことがなかった。それで散歩中にリードを外してやると、ロクベエは水田に駆け込みバシャバシャやった。うれしくてたまらない。

しかし、田を荒らしてはいけない。田んぼのそばではロクベエを放してやれなかった。

ロクベエは子犬のとき、保健所からもらい受けた犬である。

犬の収容施設はごみ処理場の一角にあり、薄暗い小屋の中でロクベエは、きょうだい三匹で殺処分される日を待っていた。

こんな場所に抑留されるのは犬だからか……。

まだ何もわからない子犬だが、犬の気持ちを考えると、息苦しい小屋の中でわたしは胸が締めつけられた。

ロクベエは中型のオスで、毛色は白。雑種ではあるけれど、舌にはアイヌ犬特有の青っぽい斑点があった。三日月湖へ散歩に行くとロクベエは、ミンクの巣穴に鼻先を突っ込んで、ブフッ、ブフッとしつこく嗅ぐものだから、かじられたことがあった。水辺には、飼育場から逃げ出し、野生化したミンクが生息していた。

いまにして思えば自然保護の観点からして褒められる話ではないが、ロクベエを夕張岳に連れていったことがある。登山道をロクベエは、わたしの前になり後になりして走りまわった。歓喜のあまりロクベエは、調子にのって登山道をそれ、森を駆けまわった。その晴れ晴れとした姿に、鎖につなぐような犬の飼い方は、むごいと思った。

人間も自由に駆け巡りたい。しかし人間は、さまざまな束縛に甘んじていないか。鎖につながれていないか。

山の中にいると、下界の煩わしさに曇った気分を、少しはまぎらすことができた。そして夕張岳の濃い緑を背景に、はしゃぎまわるロクベエの姿に、命は自然であること、自由であることによって輝くことを、わたしは感じた。

ロクベエは標高一六六八メートルの登頂を果たし、無事下山した。けれども、そのあとが情けない。おそらく登山道の倍以上の距離を駆けまわったのだろう、登山口に戻ったときロクベエの四肢は筋肉疲労で痙攣し、足元がおぼつかなかった。家までは車で一時間半かかる。そのあいだロクベエは、車内にへたり込んだままだった。帰宅して車から抱きかかえて下ろすと、その場に、またへたり込んだ。

ロクベエは飼い主に似てちょっとドジだったが、かわいい犬であった。ロクベエとは十四年のあいだ一緒に暮らした。

第9章　遊び上手は良き教師

「虫・虫・虫…」合羽版　1994

ゴン太はピッピに抵抗することもなく、室内でおとなしく耐えている。自分の生き方をまっすぐに貫くテッテは、ピッピとは違い、ゴン太に寛大であるように見える。これはテッテの愛すべき資質であるが、その長所を引き出してくれた存在があった。それがオス猫のプータンである。

すぐにでもプータンの話に入りたいのはやまやまだが、まずは猫のタマについて少々触れ、順次述べることにしよう。

子犬のロクベエが家族になった翌春、猫のタマが家族に加わった。タマはお向かいのガレージからはい出してきた子猫で、左わき腹に大きなハート形模様のある、白と茶の美しいメス猫だった。

わたしは住み慣れた幌向から三笠市に転居するとき、「犬は人につき、猫は家につく」というから、タマが新居になじんでくれるか心配した。それで引っ越しの際、念のためにタマを、ついでにロクベエも、家財道具を運び終えたあと迎えにいき、できるだけ刺激しないよう注意して車に乗せて連れてきた。しかし、取り越し苦労であった。タマは新居に到着するやいなや新しい住まいであることを了解し、広い家の内外の視察を始めた。

山あいの町は、平野部とはずいぶん環境が違っていた。

幌向は風の強い日が多く、スケッチブックがめくられないよう端をクリップでとめていても、強風に紙が引きはがされそうになった。冬は、水平に真横から吹きつける雪に、北海道らしさを感じた。

ところが、三笠はそうではない。風は穏やかで雪は天からもそもそと降ってくる。積雪は多いけれど、この地の四季にはのどかさがある。森の中の新居の庭には、エゾリスやアカゲラ、ときにはクマゲラも姿を見せる。庭はいたるところ虫だらけ。カナヘビが草の葉の上で日向《ひなた》ぼっこをしている。タマはこの環境を楽しんでいた。

タマはずいぶんネズミを捕ったが、驚いたのは、体長七十センチほどの蛇を捕まえたことである。美猫に似合わずこれほど勇猛な猫は、わが家ではタマだけだった。

転居した年の夏、タマは庭のキリギリスを、一晩でおなかいっぱい食べたこともあった。

庭には「ハネナガキリギリス」と「イブキヒメギス」の二種類が生息し、ハネナガは、スイーチョン、ギースフィッと鳴く。姿形は、わたしのイメージどおりの「正しい」キリギリス。これにたいして小型で茶褐色のヒメギスは、キシキシと地味な声で鳴くらしい。

わたしには、このヒメギスの認識がなく、成育不良のキリギリスだと思い込んでいた。そしてその年は、ヒメギスの個体数が異常に多かった。

だいたいキリギリスというものは、草が繁茂する狭苦しい所にもぐり込む習性がある。そのため窓や戸の隙間から家に入り込むものがいれば、庭仕事を終えたわたしの帽子や肩にとりついて潜入するものもいる。背中がむずむずするのでシャツを脱いで確かめると、襟元からもぐり込んだやつがいる。ズボンの裾からもぐり込めば、ポケットの中にも潜んでいる。郵便受けの中にも隠れていて、丸まった朝刊を開くと飛びだすものもいる。とにかく、どこからでもヒメギスが、わが家に侵入するので困った。

ヒメギスのほかにもセミや毛虫の大量発生があり、自然に恵まれるということは体がむず痒《がゆ》くなるようなことが多々起きることを、改めて思い知ったのだった。


夏の末ごろ、タマの存在を嗅ぎつけ、大きな図体で顔もでかいオス猫が、わが家の周囲をうろつきはじめた。けれどわたしは仕事に熱が入り、オス猫のことなど無関心だった。

「愛嬌のある猫だよ――」と、妻は目を細くする。

猫は茶トラで、若くはない。口のまわりから胸と腹にかけて白く、しっぽは短い団子形。体重は七キロぐらいありそうで、立派なタマタマがほほ笑ましい。しかも、どことなく間の抜けた感じが魅力的。さほど人にたいする警戒心はない。

うちのタマ目当てに通いつめているようだが、こういうときのオス猫は、罪悪感が働くらしい。ゆえにその挙動には、願望と不安と、なにかしら悲哀のようなものが感じられて滑稽《こっけい》にみえることさえある。

オス猫はタマから少し距離を置き、遠慮ぎみにタマの様子をうかがいながら、何食わぬ顔でじわじわと接近を試みる。しかしタマにはプライドがあるから、いい顔を見せない。オス猫は、いつになっても相手にしてもらえなかった。

あるとき縁側で、ギャギャ、ギャーッと騒ぎが起きた。オス猫がしつこくタマに言い寄ったのか、それともタマが冷たく突き放したのか、いずれにせよ男女の間にありがちな感情のもつれであろう。二匹が絡みあった拍子にオス猫のつめがかすり、タマの腹部が軽く切れて出血した。オス猫は、間抜けにみえて案外すばやい。パワーもある。いざとなれば威力を発揮する。

この事件以来、タマのオス猫にたいする態度がにわかに変わり、邪険にしなくなった。一目置いたらしい。このオス猫がプータンである。

プータンは、とても愛嬌のある猫だった。客人の前であおむけに転がって、「抵抗しませんよ」とでもいうように腹を見せた。プータン流の処世術だとしても、やや屈辱的で悲しい。

ぽってりした体形のプータンが、うるうるした眼差しであいさつに出ると、客人は思わず抱きしめたくなるのだった。かならずキャットフードを持参する、熱烈な女性プータンファンが何人もいたことは不思議ではない。プータンには、人徳というかニャン徳が備わっていた。

タマとプータンの関係はまことに良好で、プータンは先住猫のタマに一歩を譲り、二匹はほほ笑ましく暮らしていた。タマは家に入りたくなると、プータンに「ニャオーン」と大声で合図をさせて勝手口のドアが開くのを待ち、いつも自分が先に入った。レディーファーストである。

ところが口惜しいことに、慎重で機敏なタマが、プータンを残して交通事故で死んだ。事故というのは町内の人から聞いた話で、現場は定かでなく遺体は行方知れずのままである。享年十四歳。タマは、ロクベエと同い年で世を去った。

このとき、わが家のペットは、プータンただ一匹になってしまった。家の中は火が消えたようになり、タマを失ったプータンは、独りぽつんと寂しさに耐えている。その哀れな姿を見るに忍びず、総菜店の裏口で林さんに食べ物をもらっていた、メス猫のピッピを引き取ったのである。しかし、うまくいかないものだ……。プータンとピッピは一緒に暮らしはじめたものの、どちらからも接触を持とうとしない。わがままなピッピの性格が原因としか考えられない。

明くる年、予期せずプータンに格好の相手ができた。それが子猫のテッテである。新緑の季節に入ったころ、テッテは「押しかけ女房」ならぬ「押しかけ猫」ともいうべき強引さで、わが家に入り込んだ。

自転車で表通りまで出ると、道路際の草むらに生後二カ月くらいの子猫がいた。カラスに突かれたのだろうか、頭にケガをしている。わたしは約束の時間が迫っているから子猫の処置は妻に任せることにして、急いで知らせに引き返した。門のそばまで戻ったとき、ミャーミャ、ミャーミャという子猫の声に気がついた。その声が「助けて、助けて！」の叫び声に聞こえて振り返ると、子猫はわたしの後を必死に追いかけてくる。子猫は四十メートルほど走った。わたしは子猫にかまわず家に駆けつけ、勝手口のドアを開けて妻を呼んだ。そのとき、切羽詰まったわめき声とともに子猫も駆けつけ、すでにわたしの足元にいた。

テッテは全身縞《しま》模様のキジトラ猫で、頬《ほお》と顎《あご》にもくっきりと黒い縞があり、子猫なのにその顔は「梅干しばあさん」を連想させた。このままでは将来、どんな容貌になるのかと心配したが、成長するとともに頬の縞は顔に調和し、顎は白い毛に生え変わって縞は目立たなくなった。申し分のない器量である。

プータンとテッテは、年は離れているもののなぜか相性がよく、いつも二匹で遊んだ。大のおとなのプータンが、テッテに合わせてレベルダウンし、ダイニング・キッチンで隠れん坊に興じた。プータンは口臭のする舌できれいにテッテの顔をなめてやり、バスケットの中でテッテに添い寝した。プータンは、テッテの父親代わりで友だちで、偉大な師でもあった。

プータンはよく頭を使う猫で、アコーディオン・ドアを開けるときは、決まって頭で押した。テッテはこの頭の使い方と、テレビ観賞の楽しさを、プータンから学んだ。二匹が並んで野生動物のドキュメンタリー番組に見入り、我慢しきれず画面に飛びつくことは珍しくなかった。

テッテの最初の獲物は、体の大きなカケスで、バタバタ翼をばたつかせる鳥をくわえたまま、テッテは処置に困った。その食べ方を教えたのも、プータンだった。テッテの目の前で、みごとに平らげて見せた。

プータンは腎臓《じんぞう》障害で入退院をくり返し、この世を去った。けれども五年半わが家で暮らし、わたしと妻、そしてプータンファンに大いなる喜びを与えてくれた。さらに、愛情を持ってテッテの面倒を見てくれた。

ゴン太にたいするテッテの同情心や寛大さは、プータンによって育まれたものだろう。

遊び上手は、良き教師である――。

第10章　豹変《ひょうへん》する犬

「テツとゴン太」木版　2005

これまでのわが家の飼い犬は、ロクベエ、テツ、ゴン太の三匹である。ロクベエについてはすでに述べたので、次は、つらい話だが、テツとゴン太について述べよう。

まずは、テツから。

テツは大型のアイヌ犬（北海道犬）の血筋を引く、七歳のオスだった。正式な名は、いかにも強そうな「鉄腕」で、鉄腕といえばすぐに手塚治虫の「鉄腕アトム」を思い浮かべる。けれど「鉄の犬」すなわち「鉄ワン」とも受けとれ、正式な名を知ったとき、思わずわたしはニヤリとした。

で、それはともかく、市内に住むテツの飼い主は、年老いて犬の世話ができなくなり、処分犬として役所に引き取らせた。もらい手が現れなければ、テツはすぐに殺処分されていた。だが、良い犬だから、大目に見てもらえたようだ。係留期間が延長されていた。

帰宅した妻が、「いい犬がいたよ！」と感動を隠せない様子で言う。

収容施設につながれた犬は、通りがかりの小学生に頭をなでてもらい、うれしそうにしていたらしい。

「犬を、見に行かない……」と、妻が誘う。

犬は散歩させてやらないとかわいそうだし、とはいえ毎日のことだから億劫《おっくう》だ。それに、「犬はロクベエで最後」という気持ちもある。わたしは気乗りしなかったが、どんな犬なのか確認するぐらいならいいだろうと思い、見に行くことにした。

自転車で市役所の庁舎の裏に行くと、鉄板製の犬小屋に、真っ白な犬が、太い鎖につながれている。顔立ちがよく均整のとれた身体は、非の打ち所がない。……うむ、なるほど、妻が言うとおり、いい犬だ！　わたしは納得した。

しかし飼うとすれば、この力の強そうな犬は、手に余るのではないか？　それに、飼うと決めたら長い付き合いになる。覚悟がいる。わたしは躊躇《ちゅうちょ》した。ここは、やはり冷静になって判断する必要がある。それで二、三日考えることにして、その場を引き揚げた。

その数時間後のこと、わたしが作業小屋でロクロを挽《ひ》いていると、総菜店の林さんが例の犬を連れてきた。犬に引っ張られて息を弾ませながら、「散歩がてら連れてきた！」と彼女は言う。頼みもしないのに勝手なことをする人である。

「飼ってやればいいっしょ」

林さんは無責任なことを言って、犬をわが家に残して帰るつもりらしい。仕事をしながら冷静に考えようとした矢先の出来事に、わたしは戸惑った。

「だいじょうぶだ！」

また彼女の、いつもの決まり文句が飛んだ。

なにが大丈夫なものか、犬を置き去りにされたら、面倒を見るのはわたしなのだ。

――すぐ役所に、犬を戻さなければいけない！

けれど実際に連れてこられると、犬に心がかたむき判断が鈍る。きょうは金曜日だから、あすあさってと役所は休み……その間に結論を出し……飼わないのであれば月曜の朝、役所に戻せばいいか……

その場できっぱりと決められず、こうして彼女の無茶な行為を許してしまい、結局わたしは犬を飼うことになってしまった。そして、このときの優柔不断を悔いるには、さほど時間を要しなかった。


テツは、散歩中にティッシュペーパーを見つけると、パクッと食べてしまう。マナーを欠くドライバーが多いから、歩道の随所に清涼飲料の空き缶や、ごみを詰め込んだコンビニのポリ袋など、さまざまな物が投げ捨てられている。テツは白色のテッシュが好物らしく、注意していても目ざとく見つけ一呑みにした。

倶楽部跡で厚手のカーテンの切れ端を見つけたときは、ぼろぼろに引き裂いて食べはじめた。どうにか取り上げたもののテツの目は、血走っていた。そのときわたしは、自分の鼓動の激しさに驚いた。

ビールの空き缶を見つけたときには、テツは口の中を切り、出血しても噛みつづけた。小さな空き缶は、取り上げたくても危なくて手を出せなかった。テツは前足で空き缶を押さえつけ、噛み裂いた。

翌年五月、役所から狂犬病予防接種の通知が届いた。

テツをともない指定場所のコンビニ店駐車場に行くと、ペットを連れた人が集まりはじめていた。抱っこされた室内犬、肥満ぎみの犬、よたよたの老犬などいろいろで、わたしが犬たちに目を奪われているると、いきなりテツが飛びだした。その勢いで握

りしめたリードが手から離れ、テツがよその犬に組み付いた。わたしはとっさに駆けつけリードをつかみ、危うくテツを引き離した。

幸い相手の犬にケガはなかったが、飼い主の婦人は不意の出来事に愕然《がくぜん》として、詫《わ》びるわたしにしばらくのあいだ物も言えなかった。

以前のテツについて事情を知る人の話では、テツの元飼い主である老人を「ユニークな人」と婉曲《えんきょく》に評した人もいるが、老人は周囲に迷惑をかけるトラブルメーカーであった。散歩中に老人は、リードを鞭《むち》代わりに使い、乱暴にもテツを打ったという。

また、テツについては、散歩中によその室内犬に襲いかかり、たびたび傷つけることがあったという。話を聞いてわたしは、以前のテツの生活には、猛々《たけだけ》しさと荒々しさがあったことを知った。

何事もなければ、テツは利口で良い犬に見える。そして朗らかで、かわいらしい表情さえ見せる。が、突如として獰猛《どうもう》な犬に豹変《ひょうへん》した。テツはしばしば発作を起こし、へたり込むことがあった。この慢性疾患とテツの急変には、血の濃さと以前の生活の質が関係していると思った。

しかし、このような犬でも、テツはわたしとの散歩中、力が強くてもリードを引っ張ることなくゆったりと歩いた。わたしが自転車に乗り、リードを手にしてテツを走らせてやると、自転車との間隔をうまく保ち、とても上手に走った。

　水に入ることが好きだったから夏の自転車散歩のときは、沢沿いの林道で休憩させてやると、冷たい沢水にどっぷりと首まで浸《つ》かり、目を細めた。

　そしてテツは、なぜか大人よりも子どもにいい顔を見せる傾向があり、訪れた子どもが相手をしてくれたときの表情は、やさしく、楽しそうだった。わたしは、これが本当のテツだと思った。


　暖かな季節になると、わたしは陶芸を始める。

　犬小屋は作業小屋のすぐ前にあり、仕事をしていてもテツに目が届いた。ところが仕事に夢中になっていると、知らぬまにテツに近づく人がいる。飼い主のわたしはテツのかわいさと恐ろしさを知っているが、よその人にはその認識がない。犬好きの人なら相手になろうとして近づく。

　そういうとき、テツが噛みはしないかと、わたしは内心はらはらしながら仕事をしていた。とはいえ、テツのすぐそばまで来てしまった人に、「危ないから離れてください！」と声をかけることができなかった。テツに接近する前なら、それとなく注意を促すことはできる。が、この時点では手遅れなのである。

犬がテレパシーで人間の思考や感情を即座に察知することは十分考えられる。ゆえに接近者への注意の呼びかけは、逆に危険を増幅させるものと、わたしは考えていた。

近づいた人に声をかけることが引き金になり「ドウモウ！」「キケン！」の感情が、わたしから接近者に、そしてテツのあいだに一気に伝わり爆発すれば、テツを豹変させかねない。血を見る恐れがある。テツの噛む力はものすごく、噛みついたら最後、ずたずたに噛み裂くまで放さない。

わたしはテツのかわいさを知りながらも、この犬を知れば知るほど危険を感じはじめ、テツと接するとき、しだいに注意を払うようになっていた。しかし警戒しすぎると、その気分がテツに伝わり逆効果になると考え、できるだけ自然体を心がけた。犬との生活が楽しいとか、犬と一緒にいると心が安らぐ、などとは程遠く、テツのそばにいると心臓がドキドキした。

そして、わたしが何よりも恐れたことは、テツが他人に危害を加えることであった。

さて、保護する前のゴン太について述べよう。

寒さがもっとも厳しい時季に捨てられたゴン太は、わが家の周囲をひと月もうろついていた。

ゴン太は、わたしとテツの散歩中に十数メートル距離をおき、おそるおそる付いて歩いた。そういうことが幾日も続き、しだいにテツとゴン太の関係は親密になっていった。そして二匹は、雪深い庭に一緒にお座りして日向ぼっこをするほど親しくなっていた。

ところが第一章で述べたように、ゴン太の一回目の捕獲に失敗したあと、逃げ去ったゴン太が戻ってきて、おそらく睡眠剤の作用で、ふらふらっとテツの犬小屋に近づいたのだろう。けたたましい犬の悲鳴に驚いて庭に飛びだすと、犬小屋の中でテツとゴン太が絡み合っている。ゴン太の足に巻き付いた、テツの鎖が外れない。テツは牙《きば》をむき出し、ものすごい形相である。わたしはとっさに手近の除雪シャベルをつかみ、テツを押さえつけた。そして絡み付いた鎖をほどき、やっとの思いで二匹を引き離した。だが、ゴン太の右後ろ足から血が流れている。

人間に捨てられ、人間に追いかけられ、テツに噛まれ、ひどい目に遭ったゴン太がかわいそうでならない。足を引きずりながら去っていくゴン太の後ろ姿が、たまらなく痛々しい。もうゴン太は戻ってこない。わたしは指先の震えを抑えながら覚悟した。

けれども、ゴン太は、わが家から離れなかった。

かすかな期待で庭にドッグフードを出しておくと、食べに来ていた。行く当てがないのだろう……。いや、この犬は、居心地のよい場所を求めて歩きまわれるような要領のいい犬ではない。ゴン太を助けてやりたい気持ちで、わたしは胸がいっぱいだった。

ゴン太の傷は、餌に混ぜて与えた化膿《かのう》止めの効果でひどくはならなかった。それで再び捕獲にとりくみ失敗したあと、雪の中で眠るゴン太を保護したとき、テツを処分し、この犬を救ってやろうと、わたしの心は大きく傾いた。

しかし、いざ実行となると決心がつかない。テツを「処分」するとは、「殺処分」のことである。わたしは思案に暮れた。

事情を知った環境衛生課の職員は、「こちらにテツを戻してもらってもいいですよ」と言ってくれる。獣医の田村先生は、「危険だから処分するのはやむを得ないのでは……」と、ためらいがちに言う。ペット問題に詳しい大学の先生に妻が相談すると、「飼い主に苦痛を与える犬は、ペットとしての役割を果たしていないから殺処分したほうがいい」と助言してくれた。

迷いに迷ったあげく、とうとうわたしは覚悟を決めた。テツを飼ったことも、テツを処分することも、命をどう扱うか、それは飼い主の責任だと自分に言い聞かせた。

数日後、環境衛生課の車で、テツを保健所に移送する手はずがついた。

移送の当日、わたしは庭の石段のわきにテツを入れたケージを置き、その傍らにたたずんで迎えの車を待った。テツはケージに入り慣れた犬だから、警戒することもなく素直に入り、お座りしていた。ところが、環境衛生課のトラックがわが家の門を入ったとたん、おとなしくしていたテツは、直感的に事情を察知した。テツの態度は激変し、ケージにかじりつき、ケージを揺さぶり、暴れ狂った。

嘱託員二人が、ケージごとテツを車の荷台にどうにか積み込んだ。が、わたしは手出しできなかった。

予期しない飼い主の仕打ち。……裏切られたテツの心に、わたしは伝える言葉がなかった。雪晴れのもと、走り去っていくトラックを見送るわたしは、目頭が熱くなり、体から力が抜けていった。テツとは四年のあいだ一緒に暮らした。

第 11 章　捨てる人あれば拾う人あり

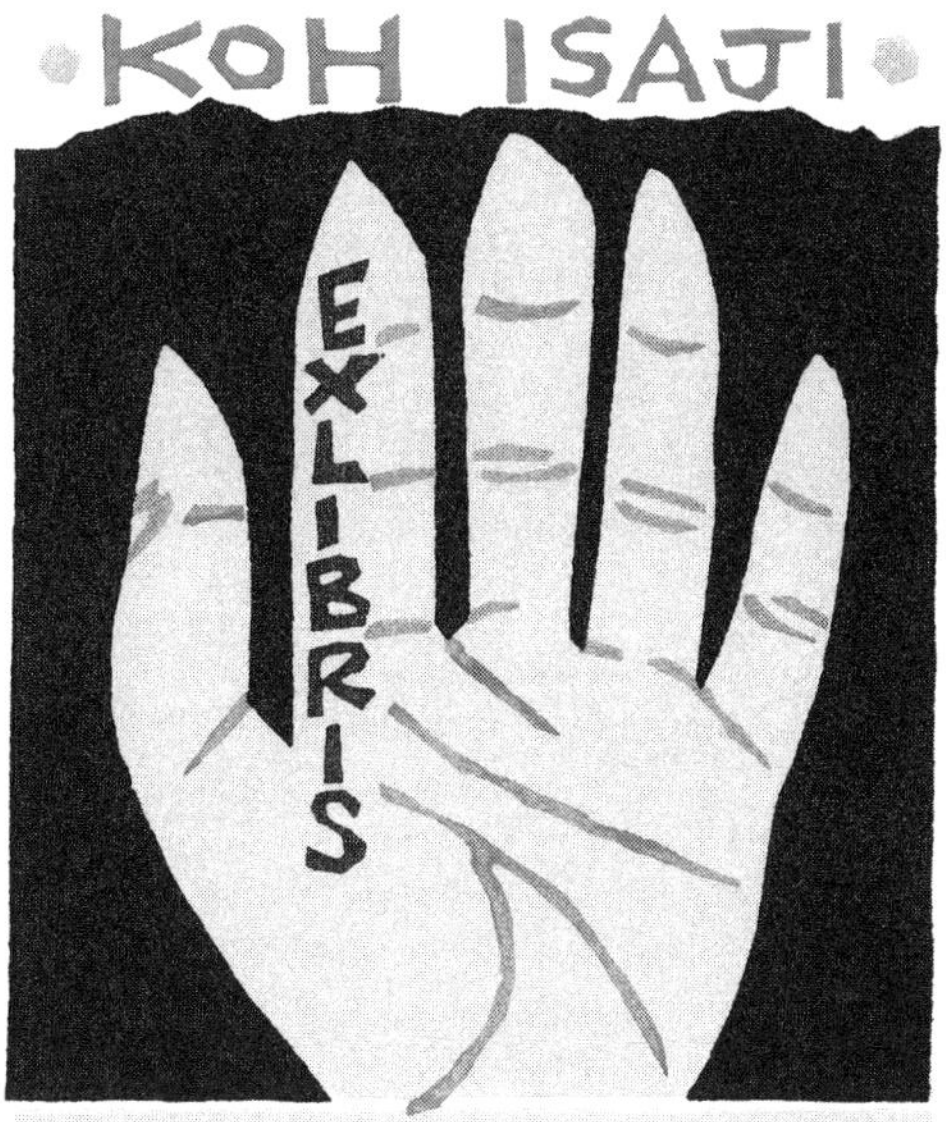

「手のひら」（蔵書票）木版　1991

わたしの仕事は絵を描くこと、そして木版画を作ることである。そこにあるとき陶芸が加わった。また、ワンニャンボランティアの手伝いで、捨てられた犬・猫の新しい飼い主さがしのミニポスターや通信、犬猫カレンダーのデザインも、いつの間にかわたしの仕事になっていた。

このほかにも、夏は草刈り、冬は除雪作業があり、わたしは一年中それなりに忙しい。けれども毎年同じことを繰り返していると、そういう生活が、なんということもない平凡なものに感じられてくる。ゴン太はこういう飼い主に付き合わされ、代わり映えのしないワンパターンの日々を送っている。

それにくらべると愚妻は、社会的幅の広さと変化のある、そして人との出会いに恵まれた生き方をしているように見える。

妻はワンニャンボランティアと炭鉱関係のボランティアのほかにも、目の不自由な人が情報を得られるよう市の広報を録音する「声のボランティア」にも参加し、親しい老友の手助けもすれば、知人の世話もする。とにかく妻には用事が多く、毎日のように出かけていく。妻がどこで何をしているのか、わたしにはよくわからない。

が、ともかく、このような妻のおかげで、わたしとゴン太の平穏な生活はしばしば乱されるのである。

妻のせいでわが家は、ボランティア関係者の集合所にもなれば、ミーティング会場にもなる。視察に訪れる地質関係とか、社会学、建築、造形美術、環境関係など、学者の受け入れ窓口になることも多い。そして捨てられた犬猫の一時的な保護施設にもなれば、フリーマーケットの品物で部屋中がいっぱいになることもある。寄席やコンサートなどイベント開催の準備室にもなれば、打ち上げ会場にもなり、出演者の宿泊施設にもなる。

妻の行動による影響を直接こうむる家族としては、これらの状況から逃れることはできない。結果、わたしとゴン太の単調な生活に、変化がもたらされるのである。しかしこれは、こわがりやのゴン太にとって良い刺激であろう。

つけ加えると、忙しい妻ではあるが、わたしへの餌の与え方はおおむね良好で、ありがたい。ところで、偶然とはいえゴン太が、ワンニャンボランティアの家に迷い込んだことは幸運であった。妻の影響で動物にたいするわたしの意識が、以前より少し高まったところに来たのだからタイミングもいい。

わたしはワンニャンボランティアとの関係でいろいろな犬猫に出合うが、人間の社会に順応して生きる動物たちの境遇は、つねに人間によって大きく左右されることを痛感する。そして同時に、動物の姿に、人間社会の状況をみる思いがする。

いままでに出合った多くの動物の中から、心に残る二匹の犬「アイアイ」と「ベラ」について述べることにする。しかしその前に、ワンニャンボランティアを手短に紹介しておこう。


ワンニャンボランティアは、二〇〇一年の春に発足した小さな市民団体で、「犬・猫の命を救いたい！」という思いが会の根底にある。

会員は十人前後で、会員なのか協力者なのかはっきりせず、つねに活動できるのは、わずか数人である。動物の保護施設を持たないボランティアは、捨てられた犬猫、行政機関で殺処分される犬猫を会員が手分けして自宅で預かり、新しい飼い主を見つけることを主な活動としている。

ペットブームが続くなか飼養放棄・遺棄・殺処分される犬猫は膨大な数にのぼり、会員は年がら年中、保護した犬猫の世話と、新しい飼い主さがしに追いまわされている。

妻に、殺処分される犬と猫の合計数を尋ねると、正確な数字は把握できないものの二〇〇一年以降全国で、毎年四十万頭前後の犬猫が殺処分されているのではないかと言う。

かわいいとか癒やされるとか言いながら、人間は一方では、もっとも身近な動物のアウシュビッツを許している。小さな市民団体とはいえワンニャンボランティアは、二〇一二年までに七百数十頭の犬と猫を救ってきた。

さて、アイアイについて述べよう。

隣町の市営住宅で、二匹のシーズー犬の飼い主が失踪《しっそう》した。置き去りにされた犬は、近所の人が住宅の隙間から与える餌と水で、半年近くかろうじて命をつないでいた。しかし餌を与えていた人も、さすがに限界を感じたのだろう。役所に通報した。

隣町の市役所からワンニャンボランティア代表の妻に電話があり、そのあと一時間もたたないうちに住宅課の職員が、ケージに入れた小型犬二匹を、車二台でわが家に連れてきた。

妻が職員から事情を聞く横で、わたしは「動物は環境衛生課の管轄だが市営住宅での出来事だから、このケースは両者にまたがり代表して住宅課が来たのだろうか……」などと考えながら軽トラックに積まれたケージをのぞき込むと、二匹とも体毛は伸び放題で絡み付き、絡まった毛がゴベゴベに固まっている。体を寄せ合う二匹はもしゃもしゃの毛に覆われてひとかたまりに見え、どこがどの犬なのか判別がつかず、どこに顔があるのかもわからず、わたしはつくづく眺めた。

嗅ぎつけたギンバエがどこからともなく飛んできて、犬にたかりはじめた。ひどい不潔さである。

犬を引き取るとしても、この状態では駄目だ。まず、清潔にしなければいけない。健康診断を受けさせる必要もある。──妻はそう判断し、ただちに動物病院に向かった。犬を積んだ役所の軽トラックとお付きの車が、その後に従った。

獣医の田村先生は、休診日にもかかわらず診てくれた。犬の目のまわりや耳などの刈りづらいところを含め、先生が全身の毛をバリカンで器用に刈り取ると、不潔が原因で犬の肌は赤くただれ、体毛に隠れていたつめは渦巻き状に長く伸びていた。二匹ともメスで、どちらも体重は約六キロ。年齢はよくわからない。

きれいにしたら、かわいい犬たちである。これならもらい手はすぐに現れる。思ったとおり一匹は、ほどなく新しい飼い主にもらわれた。あとに残った一匹が、アイアイである。

アイアイは、わが家で数日過ごしたあと、ボランティア会員の並木さんが預かってくれた。会員はわたしが作ったミニサイズのポスターを携え、アイアイの新しい飼い主さがしを始めた。しかし予想に反して見つからない。なぜだろう……。わたしは写真が良くないことに気づいた。ポスターに載せたアイアイの写真は、毛をカットしたばかりの丸坊主で「子豚」のように見える。

そこで、体毛が伸びはじめ、だいぶ見栄えがよくなったアイアイの写真を撮り、ポスターを作り直した。それを地域のスーパーと国道沿いの大型ショッピングセンターに掲示してもらうと、すぐに市内で希望者が現れた。

それで並木さんが新しい飼い主にアイアイを引き渡したのだが、その際、彼女は相手から、何かぎくしゃくしたものを感じたのだった。

数日後、飼い主になったばかりの人から並木宅に電話が入り、アイアイを「畑につないでおいたら見えなくなった」と言うのである。

アイアイは小さくて力の弱い室内犬だ。どんなつなぎ方をするとそういう事態になるのか、わたしはちょっと不思議だった。木陰のないかんかん照りの畑に杭でも立ててつながれていたとすれば、アイアイは暑くてやり切れなかったことだろう。

そんなことを考えながら、さっそくわたしは迷い犬さがしのビラを作った。ビラの見出しは「この犬をさがしています!」として、アイアイの写真と特徴、連絡先を記し、次のような文章を添えた。

新しい飼い主にもらわれ、不幸な境遇から救われた矢先でした。この犬を見かけた方、心当たりのある方は、お知らせください。初対面の人には警戒して、ウーッとうなります。

幸い、アイアイは飼い主によってすぐに発見された。が、しかし、アイアイが見つかったことをボランティアが知ったのは、並木さんが出来上がった迷い犬さがしのビラを飼い主宅に届けに行ったときである。

並木さんをはじめ会員数人は、ビラが出来上がるのを待ちながらアイアイを捜しまわった。そしてビラができると、目立つ場所に掲示し、ビラを配り、そのあと飼い主宅にも届けたのである。アイアイを発見したのなら、どうして速やかにボランティアに連絡してこないのか。徒労感と同時に腹立たしさを、わたしは感じないわけにはいかなかった。

この飼い主には、配慮が欠けている。

動物は大切にしてくれる人と暮らすことで幸せになれるのだが、「大切」ということには「配慮」が含まれているのではなかろうか。アイアイは元気だろうかと、しばらくのあいだ気がかりだった。

さて次は、ベラについて述べよう。

ベラは、ハウンド系の若いメス犬である。すらっとした身のこなしは優美そのもの。しかし殺処分寸前の恐怖を味わい、おびえた犬になっていた。

ベラが閉じ込められた保健所の檻《おり》は、鉄格子が移動式で、犬が身動きできない位置まで移動し、挟み込む仕組みになっていた。妻がその場に居合わせなければ、ベラは注射を打たれ、処分されていた。

妻は、二匹の犬を引き取りに隣町の保健所へ行くところだった。出掛けに、保健所に電話を入れると、

「いま○○市から犬が一匹来ましたが、処分しないで待ちますか」とのことである。

「もちろん、そうしてください」

妻はそう答え、保健所へ向かった。

ベラは鉄格子に挟まれて身動きできない状態で、一時間余り檻に閉じ込められていた。檻の設置場所は暗く、黒い犬だから、なおさら確認しづらい。

「どんな犬なのか確かめたいので、出してもらえませんか」

妻が頼んでも、職員はできないと言う。

きょうは金曜日……。

「月曜まで処分を待ってください。それまでに預かり先を見つけますから」

それもできないと職員は言う。しかしこの場で、いますぐに犬を引き取るのはかまわない、ということらしい。

この黒犬を救うとすれば、一度に三匹の犬を引き取ることになる。とはいえ、この犬を見殺しにはできない。妻は急いで仲間と連絡をとったあと、犬三匹を連れて帰ってきた。

とりあえず、わが家でベラを預かることにした。

死を目の前にみた犬は、恐怖で体がこわばり、おどおどして表情を失っていた。けれどわたしは、しっとりした風情を犬から感じた。やさしい人に出会えればよいのだが……。そう思いながら犬を見つめていると、その光沢のある黒い毛並みに、ふと画家シャガールの妻の名が浮かんだ。一輪のカーネーションの花を手にする夫人の、黒髪とコスチュームの黒。その黒の美しさとともに、シャガールが描いた妻の肖像画の記憶を、犬がよみがえらせてくれた。それで犬の名を、「ベラ」にした。

ベラがうちに来て三日目のこと、数年前に飼い犬をなくした田畑夫妻がやって来た。

犬好きのご主人にボランティアが犬を紹介したこともあったが、「もう犬は飼わない」との返答で、それっきりになっていた。ところが、庭の木陰にうずくまるベラを見て、田畑さんは心を動かされたのか、いつまでたっても犬から離れようとしない。わたしは仕事があるから付き合っていられないので、家に入った。

一時間以上だったか二時間だったか、長考の果てに田畑さんは、「いっしょにうちへ行くか……」とベラに話しかけたという。これは、のちに妻から聞いた話である。田畑さんには以前の飼い犬への思いがあり、彼なりに葛藤《かっとう》があったことは察しがつく。とはいえ、やはり一目惚《ひとめぼ》れだろう。

田畑さんに引き取られて一年たったころ、ベラはかなり明るさを取り

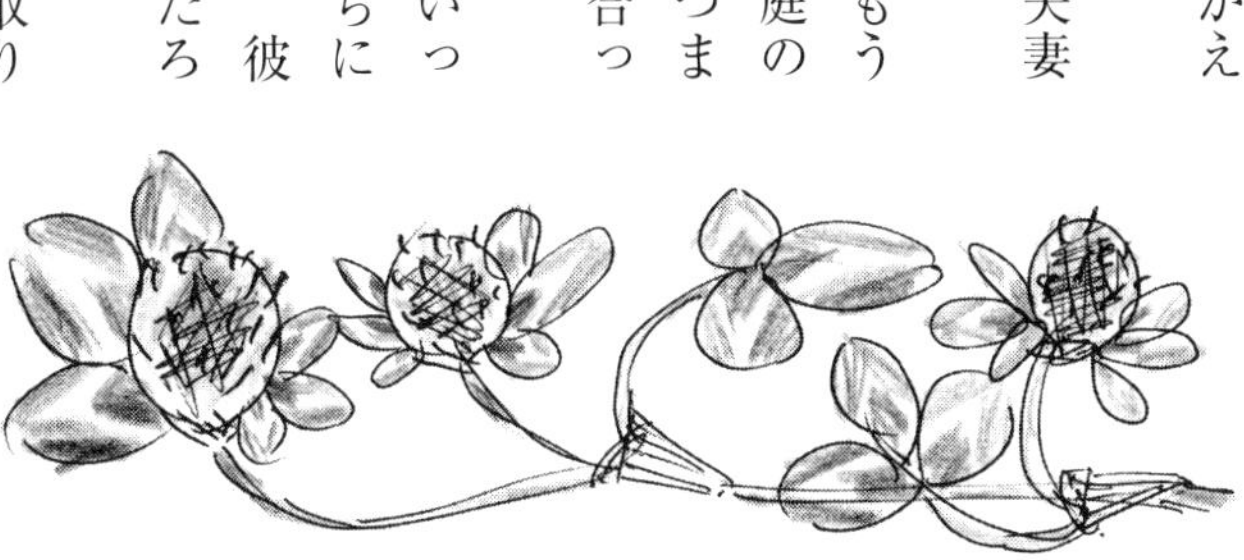

戻していた。田畑さんは毎日ベラの体重を量《はか》り、ベラのシャツを縫うためにミシンを買った。ベラは自慢の犬で、田畑さんはいつも車に乗せて出かける。傍目《はため》にはうるさいほどに映るとはいえ、ベラはとてもかわいがられている。

田畑夫妻はベラをともない、ときどきわが家へ遊びにくる。ベラとゴン太を庭に放してやると、二匹は仲良く駆けまわる。長足と短足のリズムは違うけれど、伸びやかに走る姿に、田畑さんは目を細める。

じつに爽快《そうかい》な光景とはいえ、ベラの下半身を嗅ごうとするゴン太に、わたしは同性として恥ずかしさを感じる。しかしこれは、ゴン太にとって一大関心事には違いない。命をつなごうとする尊い行いだから、わたしはできるだけ耐えている。

ベラは若いだけに、心の回復が早いように見える。それにくらべてゴン太は、情けないほど変化が遅い。ベラと遊んでいるときも、警戒して田畑さんには近づかない。こういうゴン太だからこそ、よその犬との触れ合いが必要だろう。自分一匹で悩み、縮こまっていても解決できないことは多いのだから。

ところで、アイアイやベラのように、ワンニャンボランティアに救われる犬もいるけれど、捨てられる犬のほんの一部にすぎない。ボランティア会員たちがどれだけ動物を救っても、次々に不幸な動物を人間が生み出している。

たとえば犬の場合では、血統の維持・品種改良といえば聞こえはよいが、「犬」という商品を「生産」するために近親交配や無理な繁殖がブリーダーによって行われている。

そのため奇形や障害をもつ子犬が生まれる。そういう子犬や売れ残って育ちすぎた幼犬は、商品価値がない。また、役割を果たせなくなった繁殖犬は、業者にとってお荷物でしかない。こういう犬たちは、飼養放棄・遺棄・殺処分されることになる。経済優先で動物の命を粗末に扱う業者ばかりではないとしても、業者に捨てられる犬は、わが町でもかなり多い。

飼い主について言えば、動物をおもちゃにしたり、「癒やし」と称して人間関係の希薄さや満たされない心の穴埋めを動物に求めるのはおかしい。飼い主は動物を大切にし、世話をするなかで本当の喜びを感じられるのである。動物をかわいがり、動物に責任を持って共に生きることで、求めずとも自然に動物に慰められ、励まされ、また教えられることもある。

犬、猫、人間、同じ動物である。その人間が動物を、その場の気分で手軽に買い求めたり、簡単に捨てたりすることが許されてよいものだろうか。動物の命が軽く扱われる世の中は、人間の命も軽くなっているといえよう。

第12章　おしゃべりな犬

「黒い顔」木版　1997

毎朝わたしは、ほぼ定時に起床し、「おはよう！」とゴン太に声をかける。ゴン太は朝食のおこぼれにあずかり、いつもどおりの時間に散歩に出かける。家に戻ると、恐怖の猫領域通過にも慣れ、猫の食べ残しはないかと食器を確認する余裕ができた。わずかでも残っていれば通過したあと、頃合いを見計らって食べにいく小心さではある。

ゴン太は正午までアトリエで過ごし、昼食のおこぼれをちょうだいし、そのあと庭遊びを楽しみ、ふたたびアトリエで夕方まで過ごす。そして待ちに待った夕食になると、急ぐ必要もないのに、がつがつドッグフードをかき込む。

夕食後のひと休みを終えたあと、ゴン太は夜の散歩に出かける。帰宅するとゴン太は、「きょうは、これで終わった」という顔をして敷物に横たわる。わたしは寝る前に「よしよし、お休み……」とゴン太にささやき、消灯になる。

ちなみにゴン太の食事は、夕食一回が基本である。けれど物欲しげなゴン太の眼力には勝てず、朝と昼もほんのわずか与えている。入浴は、月に二回。この規則正しい生活を繰り返して、ゴン太は二年目の夏を迎えた。

ところで、ゴン太は毎日、何を考えているのか、何も考えていないのか、じつのところ、わたしの理解を超えている。しかし、つねにゴン太は、五感と、そして第六感も働かせ、からだ全体で周囲の世界を感じ取っているように見える。

ゴン太がしゃべれたなら、どんなふうに感じて、何を考えているのか、わたしは聞きたい。いや、それ以上に、飼い主のわたしを、ゴン太がどう見ているのか、それを話してもらいたい。そんな思いから、わたしは想像をたくましくするよりも、妄想にふけることがある。

主人の留守中、最近アトリエに住み着いたハエトリ蜘蛛《ぐも》とゴン太とのあいだで、次のような対話が交わされた。

蜘蛛《くも》　もしもし、ゴン太さん。
ゴン　うーむ。あぁ、ああー。
蜘蛛　お昼寝のところ恐縮ですけれど、お尋ねしたいことがありまして。
ゴン　何でしょうか？
蜘蛛　古いお家だからシックハウス症候群の心配はないようですが、このお部屋の住み心地はいかがでしょうか。
ゴン　まあ、慣れればどうってことありませんよ。あなたにはちょっと寒いかもしれませんけど。……困ったことがあったら、僕に言ってください。
蜘蛛　ありがとう、ゴン太さん。あのー、いきなり不躾《ぶしつけ》ですが、あなたのご主人って、どんな方ですの？　お部屋の雰囲気に関係しますから。
ゴン　……うむ、やさしい人で、それなりの配慮もあるし、いい人には違いないけれど、ひと口には言えませんねえ。
蜘蛛　あのぉ、フツウの絵だけじゃなくて版画も作られ、ほかにもいろいろ仕事をされるように聞いていますが、虻蜂《あぶはち》取らずにならないかしら？
ゴン　いつも何かやっていないと落ち着かない性分なのです。貧乏性ってやつですよ。でもね、「基本は絵を描くこと」と言っていますから、版画もデザインも陶芸も、庭仕事だって、すべてそのバリエーションというか絵の延長にあるのです。
あれこれ手を出しているようにみえても本人は、ひとつのことを貫いているつもりなんです。
蜘蛛　画家っていうのはヘンな、あら失礼。個性的なんでしょうねえ。
ゴン　そうでもないです。もう少し超俗的かと思ったのですが、欲もあれば虚栄もある。まあ、世間の人並みでしょうね。
ただ、はっきり言えることは、人生の中心に絵があることです。だからいつも絵のことを考えていて、何でも絵に結び付けてしまうのです。

フォトショップというパソコンソフトを使いはじめたころ、レイヤー（layer 複数の「層」を意味する）という機能があることを知って、「版画と同じだ！」と喜んでいたことがありました。そして、「ロクロを挽いていると、デッサンをしている気分になる」と奥さんに話したこともありました。フォルム（形・形状・形態）を形づくるうえで、絵と共通の要素を感じたらしいのです。

主人は形にたいする興味が旺盛なのです。薪作りのとき、チェーンソーで輪切りにした雑木《ざつぼく》を無造作に積み上げ、その偶然できた形のおもしろさに気づき、うっとり見とれていたことがありました。しかし、その後がいけません。積み上げる形を意識しすぎて、わざとらしい不自然な形になったのです。

で、こんなこともありました。庭木の雪囲いはピラミッド形に支柱を立て、荒縄で縛ります。主人はその形が気に入り「ちょっとしたオブジェだな……」とつぶやいたあと、今度は大小ふたつのピラミッドをつないだ雪囲いを、庭のスペースとのバランスを考慮して作ったのです。

絵で鍛えられた主人の感覚と思考は、平面的なものだけでなく立体造形とか環境芸術にも応用がきくようです。

僕は室内用の犬小屋を作ってもらいましたが、デザインがなかなかいいんです。芯《しん》になる材料はダンボール紙で、補強と装飾をかねて手漉き和紙を幾重にも貼り重ねた、いわば張り子の小屋です。軽量で持ち運びにも便利なうえ、案外しっかりしています。三角屋根で内部の閉塞感をなくす配慮ですね、明かり取りの丸窓があり、おまけに入り口両側の壁がゆらゆら揺れる仕組みになっていて、遊び心があり、しかも芸が細かいんです。

僕は一度も入っていませんけど。

蜘蛛　入ってあげなさいよ！　お喜びになりますよ、きっと。

ゴン　だって屋根の下で暮らしているのに、さらに屋根の下に入る必要はないでしょ。

蜘蛛　それはそうですけれど。

ゴン　それでね、困るのは、絵の感覚と思考ですべてを処理しようとすることなんです。しかも、やり始めるとキチッとした事をしないと気がすまない性格で、その上せっかちというか欲張りというか、きょうできることは、あしたの分までやろうとするのです。それで奥さんに、「あしたできることは、あしたやればいい」と言われてショックを受け、「そんなことを言っていたら、いつになってもできやぁしない！」と声を荒らげたことがありました。

主人は絵をとおして雑多な知識と経験を積み重ね、造形への理解は深いのです。けれど吸収した知識というものが、生かじりだったり思い込みだったりして消化不良のものが多く、いうなれば未整理状態の雑物が主人の頭の中に散乱しているわけです。それどころか相反する要素が仲良く同居していたりするものだから、もう収拾がつきません。

主人はそのガラクタをなんとか整理して、自身の思考をシンプルでコンパクトにまとめたいらしいのですが、ひどく難儀な作業ではかどりません。主人の能力不足はもちろんのこと、激しく変化する社会に惑わされもすれば、その

時々のご自身の思いに振りまわされて冷静になれないこともあります。結果、蓄積されたものがプラスに作用することが多いとはいえ、不安定要因として主人の思考や行動にまま反映するわけです。

こんなふうで、なにか超越しきれない人だから、絵をとおして人のために役立ちたい、感動とか価値といったものを共有・共感し合いたいという純粋な気持ちはあっても、うまく表現できず、ヘンなところで苦闘されるのです。自分の感覚に自信を持ち、思い切って線を引けばいいものを、ためらわれる。色使いに迷われる。そばにいる僕は、主人に代わって筆を執りたくなることさえあるんです。

そして、変化を好むと同時に、変化を嫌うというか、恐れる。矛盾しているんです。まあ、人間、……犬もですが、いつになっても途上にあると言えます。「これでよし!」とは簡単にいかないものですよ。

蜘蛛 へえー、人それぞれですねえ。でも、込み入ったお話ですこと、考えたこともありませんわ、そんなこと。住んでいる世界が違うみたい。

ゴン 先日、友人の秋山さんが立ち寄ったんです。主人は相変わらず仕事中です。なんせ日曜も祭日も、盆も正月も関係ない人ですから。

主人の頭の中は、いまやっている仕事のことでいっぱいで、秋山さんが来てくれたうれしさと迷惑さとを抱え込んで応対しているのです。毎朝、気持ちを導入することから始めて仕事に取り掛かりますから、気分が途切れると、その日一日調子が出ないのです。おまけに人の視線が気になるタイプで、そばに人がいると極端に集中力が落ちるのです。

「俺、このあいだ○△山に行ったら、いい眺めだった……」

秋山さんが、ぼそぼそ話します。

仕事中なのだから軽く受け答えていればよいのに、主人は糞真面目《くそまじめ》に意見を述べ、サービス精神で余計なことまでしゃべっているうちに時間は刻々と過ぎていきます。しだいに主人の表情は不自然になり、それを意識するから一層ぎこちなくなるのです。

蜘蛛　それって過剰適応症というのかしら？

ゴン　そうかもしれません。その裏返しもね。

秋山さんは大の自然愛好家で、地元では植物博士として知られています。チョコという名の室内犬をいつも車の助手席に乗せ、自由気ままに山野を駆け巡っている人です。

主人はその様子を思い浮かべたらしく「あそこまでいくと室内犬というよりも、車室犬というか車内犬というか、車犬（車検）だな」と、おかしそうな顔をしたことがありました。僕という犬といつも一緒に過ごしているご自身の姿が、秋山さんとチョコに重なったのでしょう。

秋山さんはうちに来るたびに、僕にジャーキーをくれるのです。けれど車に入れっ放しのジャーキーで、干せた味なんです。


ところで、秋山さんはともかくとして、あるとき絵を習っている若い女性が、彼女の先生が描いた絵を、といっても印刷した絵葉書なのですが、主人に見せたのです。

すると、「この方に習うのは時間の無駄です」と、いきなり主人は辛辣《しんらつ》なことを言うのです。丹念に描かれているものの表現が硬く、生気の乏しさを感じた主人は、この人の指導のもとでは彼女のおっとりした絵の良さが損なわれる、と危惧《きぐ》したようなのです。


主人は、ぐずぐずして言葉がでないこともあれば、妙にストレートな物言いをすることもあります。それなのに言動に関してご自身は、相手や場所柄を十分わきまえているつもりなのです。が、実際は、対人関係ではバランスが悪く、対応に困ってご自分の客人を奥さんに任せたことさえあるのです。軽度の対人恐怖症ですね、あれは。だから人との関係では、だいぶ奥さんがフォローしているようです。

ちなみに猫のテッテですが、人が来るのを嫌います。もしかすると、主人の性癖に感染したのかもしれません。

蜘蛛　ふふっ、あなた、ご主人にそっくりですわ！　お付き合いが始まったばかりで、まだよくわからないのですが、……なんとなく。
ゴン　えっ、僕が？　冗談はよしてください。
もともと主人は、ナイーブでシャイな人なのです。……僕の嗅覚ですよ。そして、これは人事とは思えないのですが、幼少期に精神的抑圧を受け、屈折したものを引きずっています。だから非常にデリケートで傷つきやすく、気難しくて融通のきかないところもあります。しかも自信を持てず、自分さえ疑ってかかることもある。僕としては同情というか何か共感できるのです。そのあたりが。
おまけに、自意識過剰。これも幼少期に生じたものでしょう。いえ、根拠はありませんよ。臭うんです。
こういう人だから、独りにしてあげて仕事をさせておけば支障はない。ところが、人恋しさも多分にあるから困るのです。
蜘蛛　ということは、人間嫌いではないのですね？
ゴン　本当は、ものすごく人間が好きなのです。
けれども、人を相手の商売などは不向きです。対人関係のみならず経済優先の社会とのズレが甚だしい人ですから、物事を限られた時間内に迅速に処理し収益に結び付ける、なんてことはとてもできない。とはいえ仕事が遅いわけではない。非常に早いこともあります。長考しすぎなのです。完璧《かんぺき》を求める強迫観念でしょうか。おそらく失敗を許される鷹揚な環境になかったのでしょう。子どものころに。

主人は世の中に嫌気が差しているらしく、「二十一世紀に入ってから出不精になった」と言っています。理由は、「ただでさえ忙しいのに、ゴン太の散歩もあり」という体裁のよいものですが、じつは現代社会への不適応を自覚された結果なのです。それなのに「適応なんかできるものか」という意固地さもあり、まったく困った人ですよ。

蜘蛛　ずいぶん複雑な方ですねえ。……このお部屋に越してきたのは、間違いだったかしら？住みづらそう。

ゴン　心配しないでください！　クモの中でもハエトリさんが「いちばんチャーミング」と、主人はお気に入りなんですよ。

蜘蛛　そう、よかったわ！　それにしても頭がこんがらかるお話ですこと。付き合いづらくありません？

ゴン　そうでもないです。もつれ絡まり複雑に見えるものでも、実際には単純なことが多いのです。そして複雑に見えるものほど案外単純化しやすく、単純化することで本質が見えてくる。いや、本質が見えるから単純化できるのかな？
　でね、本質が見えると、自分との距離が縮まるというか親近感が生まれるのです。もちろんモノにもよりますよ。
蜘蛛　でも、単純化するとか本質を見るって、とても難しいことなのでしょ？
ゴン　そうかもしれません。そこで役立つのが、僕たち犬の鋭敏な嗅覚なんです。
　……うぐっ、ううう……
蜘蛛　ど、どうなさいました！
ゴン　──き、気の毒なご主人。……よくぞこれまで、生きていらっしゃった！
　…………
蜘蛛　あぁ、ちょっとしゃべりすぎました。
蜘蛛　ゴン太さん、あなたは、いまの生活に満足されているのでしょ。
ゴン　主人が何をしようとしているのか、僕にはすぐわかります。きわめて予測しやすい人です。複雑そうで単純そのもの。その点では安心感があります。主人のおかげで坦々《たんたん》とした日々を送っていますが、これこそ幸せというものです。そして四季折々の自然の変化と、ときどき奥さんが持ち込む変化とで退屈はしません。もちろん、いいことばかりではありませんが、ありがたい暮らしだと思っています。

ただし、……　あっ、ピッ！

ここで対話は中断した。ドアの隙間に光る猫の目を、ハエトリ蜘蛛は見た。

第13章　三年目には鼻の先

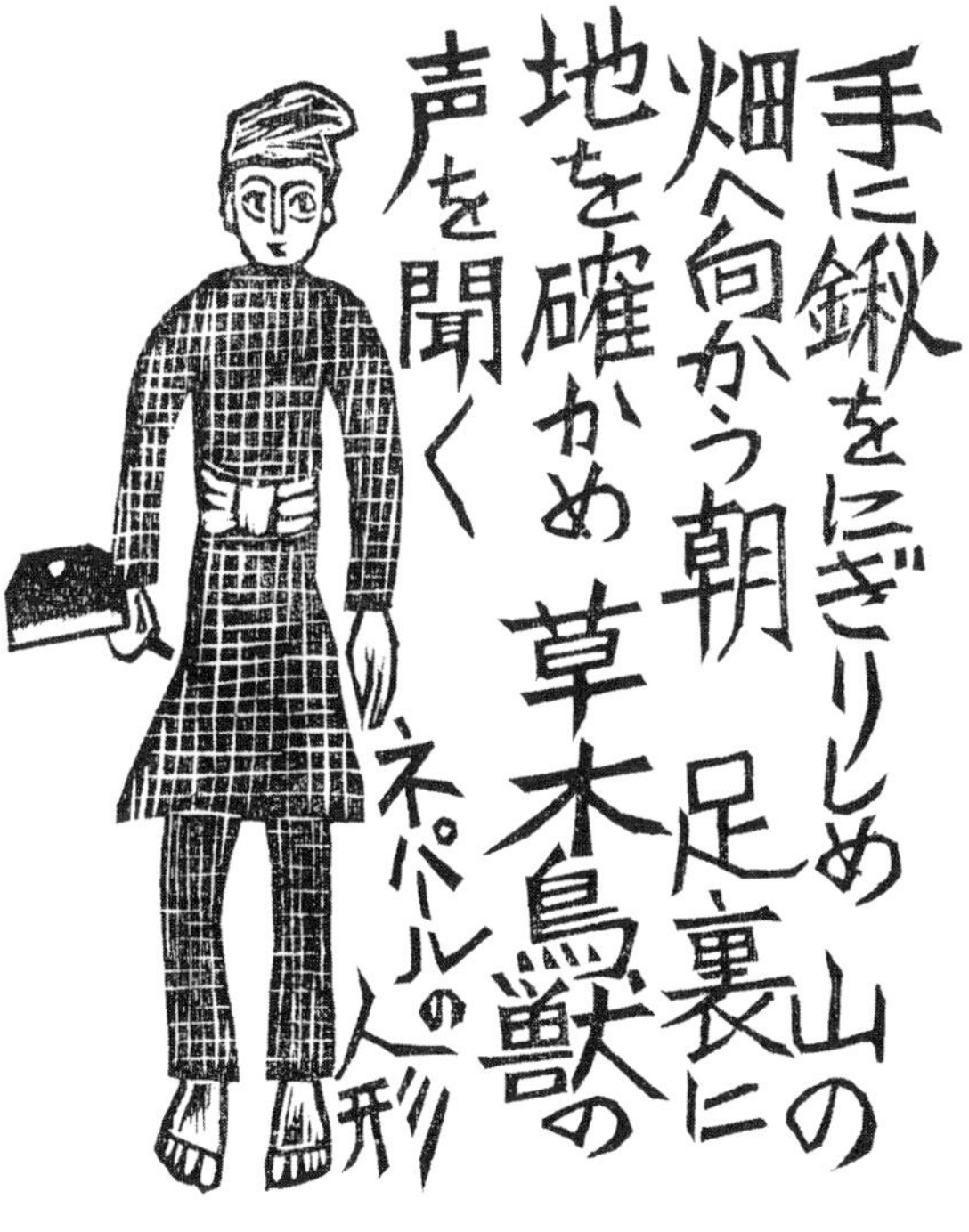
手に鍬をにぎりしめ山の
畑へ向かう朝 足裏に
地を確かめ 草木鳥獣の
声を聞く
ネパールの人形

「ネパールの人形」木版　1983

わたしは仕事に熱が入ると、ゴン太の散歩が億劫になる。朝、目が覚めるとすぐにでも仕事に取り掛かり、心に浮かんだイメージを早く形にしようとして気がせく。食事をするのも面倒くさい。こういうわたしの、はやる心にブレーキをかけ、しばし考える時間を作ってくれるのがゴン太であることに気がついた。

散歩は健康にもよいけれど、大空のもと季節とともに移りゆく見慣れた風景を眺めながら、歩く速度で考えることは、アトリエでの思考とどこか質が違う。こういう貴重な時間を、ゴン太が与えてくれる。ゴン太のための散歩が、じつは自分のためになっていた。歩きながら周囲の景色を眺め、目を遊ばせていると、ふと自分を振り返ることがある。

高度経済成長期に生まれたわたしは貧しい家に育ち、裕福な家庭との暮らし向きの違いを子どもなりに感じていた。電化製品やインスタント食品、衣服、自動車など、さまざまな新製品、便利な商品が続々と登場し、建造物の建設が進められていく状況を、社会が貧しさから豊かさに向かって進歩・発展しているもの、みんなが幸せに暮らせる方向をめざしているもの、と表面を見ていた。

中学一年の夏、わたしは絵の好きな母に油彩画のセットを買ってもらった。そして次々に出版される画集から、多くの画家を知った。絵を描きたくてたまらず、高校時代に画家になることを決意した。

芸大の試験に失敗したわたしは上京し、アルバイトをしながら絵を描いた。絵のモチーフを求め、いや、それ以上に若き情熱をもてあまして都会の雑踏にまぎれ込んだこともあった。

わたしは結婚してからも仕事の合間に絵を描いていた。アパートの狭い部屋で大作を描くのは無理があり、せめて十畳ぐらいのアトリエが欲しかった。そして、自然と身近に接することのできる環境に住みたいと思った。

北海道に移住してから「森」をモチーフに版画を制作していた時期がある。人間の世の中に不自然さと窮屈さを感じていたわたしは、人間が自然な生き方をするにはどうしたらよいのか版画を作りながら考えた。

——人間は大きな力を持つと、何をしでかすかわからない。多くを所有すればするほど傲慢《ごうまん》になり、自然の一部としての、ちっぽけな存在であることを忘れてしまう。だから人間の社会や組織は、小規模であることが自然ではないのか。たとえば細胞のように、小さな無数のコミュニティーが有機的に結ばれ、それぞれの役割を果たしながら共生できる社会なら、個の肥大化というガン細胞のようなものを食い止められるのではないだろうか。

しかし人間の欲望は制御しがたく、搾取と収奪が続けられる。その結果、ある社会の進歩や繁栄が実現し、それとは逆に、幼い子どもたちが餓死するほどの貧困に苦しむ社会がなくならないことを歴史から知ることができる。力を得たものは、つねに弱者と自然のすべてを消化しようと欲し、巨大化をめざす。

しだいにわたしは、力による支配の愚かさと残虐さから遠ざかりたい気持ちになっていった。そしてベルリンの壁が打ち壊された（一九八九年）ころには、わたしの内部でもひとつの壁が崩れていた。

生活のすべてが便利で、あふれる商品に埋もれて生きる社会ではなく、貧しくとも豊かな心で、だれもが幸せに生きられる社会。それを心に思い描きつづけ、こつこつ仕事をするしかないと、あきらめた。

グローバルな経済活動は加速する一方で、世界の動きに危うさを感じながら、わたしは新しい時代を迎えた。それに応えるかのように二十一世紀の幕開けはテロリズムに始まり、情報化社会が猛威を振るいはじめた。わたしは、進歩ではなく、退歩の時代に生きているようにみえる。

若者の多くは希望が持てず、貧困にあえぐ人が増えつづける社会。他者がすべて不審者に見え、安心・安全のため学童に防犯ブザーや携帯電話を持たせる社会。いらだちや鬱憤《うっぷん》をまぎらすため弱者をいじめる、思いやりも助け合いの精神も薄れた人間の社会が、動物たちにものしかかっている。

ゴン太はこういう世紀の境目に犬として生まれ、心が押しつぶされるような体験をして偶然わたしのもとに来た。だからこそ、時間をかけてゆっくりと心をほぐしてやろう。そういう思いで見守っているのに、いくらなんでも三年たってもビクビク癖から脱却できないのは、この犬の繊細さゆえのことだろう。自ら言うのも照れくさいが、わたしの繊細さと共鳴するからよくわかる。

とはいえゴン太の状態は、だいぶ良くなった。耳障りな様子は隠せないものの、

妻の食器洗いのカチン、ガチャンの音にも慣れた。アトリエのドアに隙間を開けておくと、鼻先を突っ込み、出入りするようにもなった。アコーディオン・ドアも鼻先で開け、勝手にダイニング・キッチンへも行けるようになった。掃除機がこわいのなら近づかなければよいものを、掃除中のわたしに付いて歩く。邪魔にはなるが機械音に慣れた証拠である。

苦手な来客中の部屋にも呼べばしぶしぶ来るようになり、寝そべっているときのリラックス度が、以前とは違い柔らかい。日々のスケジュールも呑み込んでいるから、食事や散歩の時間が近づくと、そわそわしはじめる。わたしが言うこともよくわかり、家庭生活はきわめて円滑である。

猫たちとも互いの領分を侵すことなく、ゴン太はうまく折り合いをつけている。いかに変化の遅いゴン太でも、時とともに心が癒やされている。

それにもかかわらず、まだピッピを恐れていた。ずいぶん意地悪をされたから当然であろう。ところが意外にも、ある時点からゴン太とピッピの関係が好転しはじめた。意地悪も度が過ぎると質的変化につながるらしい。

冬季わたしは、しばしば裏山へ散歩に行く。

まず、ゴン太のリードを外してやり、わたしはスノーシューという買ったばかりの洋式カンジキをはき、山に向かってラッセルして進む。その後をゴン太がついて来る。堅雪なら楽に進めるが、深く積もった新雪は、雪に埋まって速度はのろくなる。すると、速く進みたいゴン太は、スノーシューの踵《かかと》を踏んづける。ときには後ろから、わたしのお尻をドンと押す。

ある朝、山歩きから戻ったゴン太が、庭にいるピッピを見つけて駆け寄った。思いがけない行動に、わたしは注目した。

ゴン太はいたずらっぽく目を輝かせ、「遊ぼ！」と、ピッピを誘う仕草をした。予期せぬゴン太の積極ぶりに、ピッピは「ニャニャ、ニャンニャニャ！」すなわち「なによ、いやいや！」と戸惑いを隠せなかった。これに始まり、ゴン太はたびたび同様の行動を繰り返すようになった。どうかするとゴン太は、ピッピと鼻先をくっつけ合い、クンクンとお互いを確認しあった。

この「鼻先クンクン」は、ゴン太とテッテのあいだでも行われた。けれど数回にとどまった。その理由は、ピッピの高齢化にともない力関係が逆転し、テッテが優位に立ったことにある。つまりゴン太は、寛容ではあるが凛々《りり》しさのあるテッテに親愛の情を抱きながらも、優位性を得た者に、なれなれしい態度をとれなかったのだろう。

それで、こうした行動は庭先だけのことで、室内ではまったく見られなかった。ゴン太は外へ出ると、それだけで開放的な気分になるらしく、その開かれた気分に後押しされて猫に接近する勇気がわくようだ。そしてまた猫たちも、ゴン太の行為を受け入れる気持ちになったらしい。

なにはともあれ「三年目には花が咲く」と言うように、気がつくとゴン太だけでなく家族みんなが、少しずつ変化していた。「三年目には鼻の先」の地点まで全員が、ようやくたどり着いたのである。季節が春になり夏に向かうとともに、ゴン太と猫たちの関係は、室内でも良くなっていった。

夏の午後、庭のゴン太は、わたしと追いかけっこをしたい。それがキラキラと目に表れている。わたしが相手をしないでいると待ちきれず、自ら逃げる振りをして誘う。ピッピを誘うときと同じ眼差しになっている。追いかけてほしくてたまらない。

「ダッシュ!」の掛け声とともに追いかけてやると、ゴン太はうれしくて、キャーと言わんばかりの喜び顔で駆けまわる。頃合いをみて呼ぶと、息を切らして走ってくる。こんな遊びを何度も繰り返してやると、歓喜のあまりゴン太は、舌を垂らしてだらしない顔になってしまう。出合った当初この犬は、おびえて表情がなかった。そのゴン太が、こんなに朗らかな表情を見せるようになった。
　青空のもと、ゴン太の喜びが、庭いっぱいに飛び跳ねる。
　ゴン太の心は解き放たれた。

　庭遊びを終え、ボディーハーネスにリードをつなぐと、なぜかゴン太はうれしそうな顔をする。その表情は安心感にあふれている。リードを外されて自由になったときの開放感と、逆に、リードにつながれることの安心感を、その両方をゴン太が感じていることを、ある日わたしは、はっきりと知った。
　そのとき、「リードは犬の自由を束縛するもの」という自身の根深い意識に気づき、同時に、「リードは犬を保護するもの」という認識が、呼吸をするようにスーッとわたしの胸に流れ込んできた。知らぬまにリードは、わたしとゴン太の心の絆《きずな》になっていた。

第 14 章　変化と痛みの鉢合わせ

ななかまど
の
あかい実
夕日に映え
つかれた
目に
つらい

「ななかまど」合羽版　1994

ゴン太の変化が顕著になったのは、四年目に入ってからである。

朝、起き抜けにゴン太はダイニング・キッチンに来て、ぐぅーっと手足を伸ばし、まず筋肉をほぐす。次に、お尻を上げて敷物に頭と肩をこすりつけ、ゴロゴロッとやったあと、横になって手足をバタバタさせる。そして、ブルブルッと体を震わせて姿勢を正し、テレビの前に落ち着く。こうして食事の支度をする妻の様子を注視する。

支度が調《ととの》い妻がテーブルにつくと、ゴン太は妻の膝にぴょんぴょん飛びついて食べ物をねだる。これが毎朝の風景になった。このように、ゴン太が妻との距離を縮めたことは、大きな変化である。そしてゴン太の内にこもりがちだった行動が、よその人に向けられるようになったことは、さらに大きな変化であった。

あるとき、アトリエで寝そべっていたゴン太が、人の気配を感じて遠慮ぎみにウーッとうなった。そのとき、買物をいっぱい詰め込んだポリ袋をガサガサと揺らしながら、早瀬さんが玄関に入ってきた。

「いるのー？　わたし！　きのう、札幌のデパートで——」

早瀬さんはダイニング・キッチンにいる妻に届くように、高いトーンで呼びかけた。

旧知の間柄である早瀬小百合さんは、わたしの創作活動と、妻のボランティア活動を応援してくれる。そして早瀬さんは、障害のあるオス猫の飼い主にもなってくれた。家族の延長にあるような人で、わたしも妻も親しみを込めて、小百合さんと呼んでいる。

小百合さんは、「フツウの家では起きないことが、この家では起きるからおもしろい！」と言う。小百合さんのストレス解消法は車の運転と買物で、わが家にしょっちゅう遊びにきて、そのたびに妻を連れ出しもすれば、動物病院への犬猫の送迎、フリーマーケット用品の運搬など、車が必要なときには気分よく手伝ってくれる。その懇意な人に、「ウーッ」とは何事か。

ゴン太が来客の気配に、うなり声を発したことは、小百合さんのほかにもあった。だれかといえば、常人とはやや雰囲気の異なる植物博士の秋山さんと、元気はいいが騒がしい総菜店の林さんである。

秋山さんは、ゴン太に日向臭いジャーキーをくれる人。林さんは、妻とのおしゃべりを楽しんだあと勝手にアトリエに入り込み、ゴン太の顔を両手ではさんで「眉間《みけん》の皺《しわ》がなくなったしょ」などと話しかける人である。

そう言われればゴン太の表情は晴れやかになり、確かに皺はなくなった。が、それはともかく、ゴン太なじみの人ばかり。たまたまザワメキ感が気に障《さわ》っただけのことなのか。それなら、わたしにもわかる。ただし、この人なら、うなっても大丈夫。反撃される心配はない、という甘えを感じさせるところが、この犬らしい。ゴン太は、よく知っている人だからこそ、うなることができたのである。まあ、小心者の威嚇行為とはいえ、自分の居場所に侵入されたくないというテリトリー意識を、ようやく表せるようになった。

ゴン太の他者にたいする行動の変化は、これだけではなかった。

宅配便の荷物が届き、妻が応対に出たときのこと、ゴン太がアトリエのドアの隙間から首を出し、玄関をのぞいた。

「あーら、ワンちゃん！」と、女性配達員は顔をほころばせた。

玄関まで出ていき彼女に向かって吠える大胆さなど、ゴン太にはない。それでも、どんな人かと確かめにいく能動的な行動が、わたしにはうれしい。

ゴン太は、チャイム音で玄関に走っていくこともあれば、ガチャ、ガチャンという郵便受けの音で様子を見にいくこともある。届いた郵便物を鼻先で確認させてやると、納得する。ところが宅配便で届いたダンボール箱になると、大きめだから、ちょっとこわい。確かめられずアトリエに引っ込んでしまう。まだ世間の犬並みにできないことは多いけれど、それでもゴン太は、これほどまでに変わり得た。

ゴン太は精神的に傷ついていたものの、ただ一度の下痢のほかには体調を崩したことがなく、健康面での心配はなかった。ところが、どういうわけか排便に支障を来すようになった。

ゴン太は朝の散歩中に、しっかりした便で、量もきっちりと一、二回ですませていた。それが乱れはじめたのである。ちびちびと少量しか出ず、しだいに排便の回数は増えていった。便意を催してしゃがんでも出ないことが多くなり、ゴン太はつねに残糞《ざんぷん》感にさいなまれ、散歩中は落ち着きがなくなった。

そういう状態にもかかわらず、ゴン太は散歩から戻ると平常どおり室内で過ごし、粗相をすることはなかった。食事はいつもどおりに食べ、食欲は十分あった。何が原因かわからない。わたしは牛乳を飲ませたり、繊維質の食品を与えると便通が良くなる、という素人考えから、軟らかく煮た白菜やキャベツのみじん切りをドッグフードに混ぜて食べさせた。しかしゴン太の通じは、いっこうに良くならない。

そうこうしているうちにゴン太は、排便時に「キャン」とか「キキャーン」と声を絞って痛みを訴えるようになった。

慌てて動物病院に連れていくと、田村先生は触診とレントゲン写真でゴン太の下腹部を診察し、前立腺が肥大ぎみで腸を圧迫していることも考えられる、と言う。肥大を抑える薬と鎮痛剤を一週間投与して、しばらく様子を見ることになった。

薬の効果で痛みはとれたものの、ゴン太の状態にさほど変化はみられない。二週間後、再度ゴン太の下腹部をレントゲンで診てもらうと、

「直腸のあたりがボワーッと膨らんでいるでしょ。そこに便がたまって出づらいようだし、うむ、あるいはヘルニアか……」との診断である。

そして先生の話では、ゴン太の肛門の括約筋は、通常よりも弱いらしい。ということは言い換えると、たまりやすく押し出しが弱いということか。

「排便のとき肛門の横が膨れないですか?」

「毛がかぶさっているから確認しづらいんです」

わたしは先生から、ゴン太の肛門の横に膨らみがあるかないか注意して見るように言われ、薬一週間分をもらって家に帰った。

先生の指示にしたがい散歩中、わたしは排便時のゴン太の肛門部両わきを注視した。どの程度の膨らみなのかわからないが、微妙な大きさなのだろうか、と考えながら。

観察を続けて二カ月ほどたった朝、わずかな膨らみに気づいた。ゴン太は室内生活に順応し

たせいか体毛が抜け替わる時期がズレたようで、十一月中旬と遅くなってから脱毛しはじめた。毎日二回ブラッシングしても、ごっぽり毛が抜け、体毛が減ってスマートになったゴン太は、体のラインや凹凸を確認しやすくなっていた。

十二月中旬、田村先生に診てもらうと、至急ヘルニアの手術をすると言う。それで二日後の昼一番に、ゴン太を病院に連れていった。

わたしは麻酔で意識が遠のくゴン太をさすりながら、いつ迎えにくればよいのか先生に尋ねると、きょうの夕方五時から六時までの間に、とのこと。切開手術だから縫合箇所が破れないように大事をとって病院で一泊させ、迎えは早くても明朝、と考えていたから意外だった。

夕方、ゴン太を迎えにいくと先生は、「会陰《えいん》ヘルニア」だと言う。

先生は、直腸が右側に曲がって肛門につながっていたのを、まっすぐに接続し直し、ヘルニア部分の脂肪組織の塊を切除してくれた。塊からは体液が漏れ出している状態だったという。

「何か噛ませていますか？」

「犬ガムをやっていますが、どうしてですか？」

「ついでに歯石を取っておきました」

先生はぶっきらぼうに言った。

ゴン太の歯は年齢の割にしっかりしていて、きれいだったらしい。

「便の出方を確認してください」

先生にそう言われ、わたしは止血剤三日分と二種類の薬（痛み止めと抗生物質）を一週間分もらい、まだ完全に麻酔から覚めていないゴン太と、ワンニャンボランティアが保護中の避妊手術をうけた猫を車に乗せて帰宅した。


翌朝、わたしは期待と不安を抱えて、ゴン太の便の出具合を見守った。しっかりと腸はつながっているか。力んだ拍子に接続箇所が破れないか。ちゃんと出るか、と心配した。なにしろ昨日の今日である。しかし杞憂《きゆう》であった。

ゴン太は散歩先の草原で、はっきりすっきり、気持ちよく脱糞した。本犬はけろっとした顔をしていたが、これほど立派なカタマリにお目にかかるのは久しぶりである。ゴン太よりも飼い主のほうが感動し、爽快な気分になった。田村先生は親身になって動物を診てくれる人である。わたしはすぐに報告の葉書を書いた。

ゴン太は著しい変化を見せると同時に、痛みをも味わった。けれども術後の経過は良好で、ゴン太はいっそう元気になって新しい年を迎えた。

第 15 章　円形の敷物

「雪月花」合羽版　1994

年が明けると、心持ち風景が明るく感じられる。とはいえ寒さは厳しく、日ごとに積雪は増していく。昼夜をおかずストーブを焚いていても、毎朝ダイニング・キッチンは十二、三度まで下がっている。ストーブの火を強くしても部屋はすぐに暖まらない。

家の中にいても寒いから、「えいっ」と思い切ってゴン太と一緒に庭へ出ると、それを野鳥が眺めている。わたしがヒマワリの種をまくやいなや、小鳥たちは競って餌台に舞い降りる。

頭上でカリカリと音がすれば、エゾリスが来ている。二十メートル近いドイツトウヒの木の上で、松の実を食べている。樹下の雪面には、リスが投げ落としたエビフライ状の松ぼっくりの芯が一面に散らばっている。

室内生活に慣れ、軟弱になったゴン太は、気温がマイナス十数度に下がると散歩中に足がかじかみ「片足けんけん」になることがある。ゆえにマイナス十八度にしばれた朝は、表通りまで行き、道をわたって数歩あるいたところで耐えきれず、ギブアップした。片足どころではなかった。わたしはゴン太を抱きかかえて家に戻り、気温の上昇を待って散歩に出直した。

一夜にして膝まで埋まる積雪は珍しくない。雪の朝は、まず除雪から始まる。雪をはねのけ道をつけてやらないと、猫たちは雪を漕いでいくかウサギ跳びで進むことになる。それでとりあえず猫たちが動けるスペースを作ってやり、次にゴン太を散歩させ、そのあと除雪作業は本番となる。除雪など手早くすませたいけれど、昼までに終わらない日は数えきれない。それに、屋根の雪下ろしもある。降りつづく雪に、わたしは何のために生きているのかと嘆きたくなることさえある。ギリシア神話に登場する、シシュフォスの心境である。

神々の王ゼウスとの約束を破り、罪を犯し、シシュフォスは永遠に続く刑罰を与えられた。それは、巨大な岩を山の頂上に運びあげる仕事であった。岩は頂上に達すると無慈悲にも転がり落ちる。その岩を、シシュフォスはまた頂上に運びあげる。その繰り返しが果てしなく続く、けっして報われることのない仕事である。

しかし、わたしは毎日、黙々と除雪をする。そうして長い冬に耐える。この刑罰を与えられた者にしか味わえない純白の感動もあれば、広い雪の庭にどのようにルートをつけ、屋根から下ろした雪をどんな形に積み上げるか、スペースデザインという創造の喜びさえある。とはいえ、こういう生活が三月初旬まで続くから、シシュフォスには申し訳ないけれど、わたしは弱音を吐く。

だが晴れた日は、青空と雪のコントラストが際立ち、気分がいい。つい雪景色を眺めて歩きたくなる。わたしはスノーシューをはき、ゴン太を連れて裏山に登る。白く息を弾ませながら少し登ると、白樺が多い場所に出る。その辺りは平坦で歩きやすく、わたしはゴン太を遊ばせながら雪の造形物を眺めて歩く。ツルアジサイやヤマブドウが絡み付く木の上には巨大なキノコ形の雪が居座り、倒木に降り積もった雪はトンネルを作っている。捨てられたように荒れた山でも、冬は異次元の造形スペースに変わる。

朝日を浴びて輝く雪面に白樺のシルエットが映しだされ、そのコバルトブルーのストライプの中をゴン太と一緒に歩いていると、こうした状況にある自分の存在というものの不思議さと幸せを感じるのであった。

五年の間にゴン太はめざましい変貌を遂げた、とは言えないまでも、捨て犬から室内犬になり、朗らかになった。そして家族の一員として猫たちにも認められ、のんびりと暮らしていることは確かである。

自分の都合がよいときだけは単独行動ができるようになり、食事時間が近づくと我慢しきれず、仕事中のわたしを置き去りにして自分一匹でダイニング・キッチンへ行ってしまう。つねに行動を共にしている間柄であり、わたしがそばにいなければ以前は食事も喉を通らなかったのに、先に食事をすませている。遅れてわたしが晩酌を始めると、ゴン太は食べ物をねだり、テッテと頬ずりするほど顔を寄せ合い、二匹で首を長くする。ゴン太はもう、猫がそばにいても平気である。

テッテは、テーブルの下をちょろちょろ動きまわるゴン太が煩わしくなると、「ニャッ」と小声で叱る。するとゴン太は、すぐに引き下がる。それで、わが家の平和は保たれている。

夕食のあと家族全員が、簡易式床暖房でもあるカーペットの上で横になる。わたしも妻も猫たちも、そしてゴン太も、手足を投げ出して横になる。ゴン太は、わたしに体をこすりつけて甘えられるようになった。クッションを枕にして横たわる妻に近づき、クンクンと髪のにおいを嗅ぐこともある。

こういう行動を見ていると、まったく普通の犬である。この状態までたどり着いたのだから、これからはゴン太自身の力に任せておこう、と思う。

ある夜、いつもと同様に食後の休憩をしていると、テーブルの下のピッピと、テレビの前のゴン太が、鼻先十五センチもない至近で視線を交わしている。そのゴン太の目に、わたしは驚いた。

僕はピッピと対等である——という自信が目に表れ、ゴン太はピッピにたいして遠慮も恐れもなく毅然《きぜん》としている。その眼力に耐えられず、「フーッ」とピッピが威嚇した。ピッピは自尊心を傷つけられたうえ、ゴン太の気迫にたじろいだ。危険を感じて一瞬わたしは焦ったが、大事には至らなかった。これ以後、家庭内でのゴン太とピッピの順位が入れ替わった。

ところで、ゴン太は敷物が大好きな犬である。家の中では五枚、作業小屋では二枚、そして庭でも敷物を使用している。敷物は、ゴン太が室内生活を始めたとき、猫との同居だから「ここは君の居場所だよ」と、そんな気持ちで敷いてやったのである。だれにでも落ち着ける場所が必要なように、一枚の敷物は、ゴン太の最小限の安心領域であり「幼児の安心タオル」ともいうべき貴重な品であった。

けれども、この限られたスペースにも、ゴン太はとらわれなくなった。食べ残し目当てに猫領域に立ち入る。器の底に残された二粒三粒のキャットフードが、なんともうれしいらしい。かつてダイニング・キッチンは、ゴン太の居場所はテレビ側、猫たちはストーブ付近と明確に分かれていた。それがファジーになった。しかし、それでいいのだ。

これは心の境界が取り払われた証《あかし》である。家の中は家族共有のスペースである。お互いにささやかな居場所を確保できれば、線引きし、ことさら領有などしなくてもよいのである。ささいなイザコザがあっても、譲り合い、都合を付けあって仲良く暮らそうではないか。

　敷物好きのゴン太は寝る前に、前足で念入りに敷物を整える。これは、敷物を体にフィットさせるための大切な作業である。が、わたしにすれば、きちんと敷いてやった敷物を「ぐちゃぐちゃに丸めた」としか言いようのない乱れた代物に変えられるわけである。しかしゴン太は、外見など気にしない。作業は気になるたびに何回でも、未明にかけて繰り返される。

　ところがある朝、きれいな円形に整えられた敷物を目の当たりにして、わたしは目を見張った。テレビの前の敷物（二つ折りにして縫い合わせたバスタオル）が、極めて完成度の高い円形に整えられていたのである。

　犬は地面に浅い鉢状のくぼみを穿《うが》ち、その中にうずくまる習性がある。夏は涼しく、冬は地熱で寒さをしのげる。つまり、ゴン太が敷物を整える行動は、犬が体に合わせて穴を掘る行動に結びつく。気にもせず好きにさせておいたが、ゴン太が作った円形に作意のない清らかさを感じ、絵かきとしては感動を禁じえなかった。

　ゴン太は円形を心に思い描いて作ったわけでなく、敷物を自分の体にフィットさせるため、夜ごと整えつづけただけである。

しかし、不思議なことに、ゴン太がわが家に来てから、ぴったり五年たった時点で、美しい形が完成した。偶然かもしれない。けれどわたしは、その円形に、ゴン太が歩んできた「時」を感じた。それと同時に、その円形に、命あるものすべてが向かう究極の形をみる思いがした。

命は、精いっぱい輝いて生きようとする。輝きを失ったものは輝きを、ねじ曲がった心は、まっすぐな心を取り戻さねばならぬ——。

ゴン太の円形は、それを暗示している。しかしこれ以後、美しい円形を目にすることはない。いまだに妻と散歩できないのはゴン太らしいが、ともかく臆病犬の面影は消えた。健康でありさえすれば、ゴン太の心は青空のように自由になり、ゴン太はもっとかわいい犬になるだろう。

第16章　進行する病

食えずとも
腹いっぱ
いの
愛
らしさ
おもちゃ
かぼちゃに
冬
ちかし
こう

「おもちゃかぼちゃ」合羽版　1994

愛情をもって一緒に暮らしているうちに、ゴン太は一層かわいい犬になっていく。

ゴン太の心を抑圧していた過去の遺物は、雪が解けて消え去るように、暖かな季節を迎えて瞬く間に消えた。春の日差しと、たっぷり水を含んだ土の力を得て、草木がぐんぐん生長するように、ゴン太の行動は伸びやかで積極的になっていった。森の緑が日増しに色濃くなる速さで、ゴン太がゴン太らしくなっていく姿がうれしい。

午後の庭遊びのとき、わたしがちょっと目を離したすきに、ゴン太がいなくなった。

――はて、どこへ行ったのだろう……。

うむ、これは、表通りを交差点のほうへ下りていったに違いない、と直感した。わたしは直ちに自転車にまたがり、心当たりの散歩コースを捜しまわった。しかし見当たらない。仕方なく家に引き返すと、車で出かけた妻が帰宅していた。

「いま、そこの公園から交差点のほうに向かっているゴン太を見かけたから、すぐに戻って来るんじゃないかしら」

それならよいけれど……。妻は、ゴン太がいい顔をして、ひょんひょん歩いているところを目撃したのだった。

心配しているところへ、妻が言ったとおりゴン太が帰ってきた。自分一匹で、勝手に町内を三十分近くも散歩してきたのだから晴れ晴れとした表情である。

じつは昨日、以前ワンニャンボランティアが保護した犬をもらってくれた婦人が、ぴかぴかに手入れの行き届いたメス犬二匹を連れて、わが家へ遊びにきた。ゴン太は、その犬たちと庭をはしゃぎまわった。その高揚感が庭遊びのときよみがえり、この単独散歩につながったようである。

家を抜け出して歩きまわるぐらいのことは、普通の犬なら珍しくはない。が、なにしろゴン太である。心配させられたが、いままでにない主体的行動は評価してやりたい。

数日後、朝の散歩から戻ると、わたしはゴン太のボディーハーネスを外し、庭の日当りのよい場所でブラッシングを始めた。すると、ものすごい勢いで、いきなりゴン太が駆けだした。ゴン太の前方を飛ぶように逃げる猫。あっという間に猫は、イチイの木に駆け上がった。うちのメス猫目当てに、ときどきやって来るオス猫である。

ゴン太は木の下まで猫を追いかけ、荒く息を吐きながら樹上を見上げている。ゴン太の気持ちを静めようとしてわたしが近づくと、猫は飛び降りた。そして十数メートル先のニセアカシアの木に向かって突っ走り、また駆け上がった。ゴン太はさらに猫を追いかけ、木の幹に前足を突っ立て、首を伸ばして背伸びし、舌を垂らしてハアハアあえぎながら、なおもオス猫を見上げている。

……不思議なことに、このように緊迫した状況下でも、ゴン太は吠えない。で、それはともかく、追いまくられて興奮状態の猫は、我慢しきれず無茶苦茶に木から飛び降り、一目散に表通りめざして逃げ去った。

それでもゴン太は執拗《しつよう》に猫を追いかけ、イタドリの茂みに突っ込んだ。身動きできず、ゴン太はひるんだ。そこで、ようやく我に返ったゴン太を、わたしは呼び戻すことができた。

うちの猫たちは、もう若くはない。それでもメスを求めてやって来るオス猫は、ゴン太のテリトリーを侵すものであり捨て置くことはできない。内気なゴン太の他者にたいする前代未聞の勇猛な行動に、わたしは笑った。

心の自由をとり戻したゴン太の行動は、急速に活発になっていった。けれども、これほど元気にみえるゴン太だが、わたしはヘルニアの進行を危惧していた。

昨年十二月にヘルニアの手術をしたあと、ゴン太の健康状態はしばらくのあいだ以前にも増して良好にみえた。ところが、年明け早々から嘔吐が始まった。

正月だから少し食べさせすぎたかな……と思ったが、そうではなかった。嘔吐はたいてい朝一回で、必ずしも毎日というわけではない。だが、四月末まで続いた。その間、田村先生にもらった胃の調整剤を飲ませたり、野菜を多くした食事療法を試み、嘔吐は一時的に治まった。しかし、それとは別に気がかりなことがあった。排便時に、また痛みを訴えはじめたこと、ときどき便に粘液が混じることであった。原因はわからないが、ヘルニアとの関係をわたしは疑っていた。

このようなゴン太の状態は、五月に入っていったん回復した。暖かな季節を迎え、わが家の周囲にみなぎる自然の精気とでもいうべき力が、ゴン太の健康を助けたのかもしれない。やはり適度な暖かさは過ごしやすくてありがたい。けれど、暖かさも度を越すと、暑さに変わり耐えがたくなる。八月中旬には寒冷な北海道でも、二十六度から二十九度くらいの暑さが一週間ほど続いた。ゴン太はややバテ気味で、見兼ねてシャワーを浴びさせた日もある。

ヘルニアとそれにともなう肛門部の障害、そして嘔吐。ゴン太はこうした健康上の問題を抱えていても、だれが見ても元気な犬に見えたに違いない。そしてわたし自身、心配しながらも、ゴン太の具合が良くなることを期待していた。

——犬は身体的苦痛があっても、よほどの痛みでない限り、飼い主にもそれを悟らせることなく我慢するのだろうか……。

遠方の山々が雪化粧を始めた十月の末、ゴン太の肛門部の腫《は》れが気になり動物病院に連れていくと、「肛門膿がたまっている」と田村先生に言われ、絞り取ってもらう。飲み薬と塗り薬を出してもらい帰宅する。

寒くなるといけないようだ。肛門のまわりが悪化して、また排便時に痛みを訴えはじめた。

十一月に入ると、ゴン太の症状はいっそう悪化した。排便時の痛みに耐えきれず、絞り出すような声で吠えることが多くなった。食事療法を試してみたが気休めにもならない。田村先生に診てもらうと肛門膿による炎症とのこと。処方してもらった薬を飲ませても効果はない。

十二月になると、さらにひどくなった。

ゴン太は肛門の括約筋が弱く、押し出す力が弱いから便がすっきりと出ない。つねに残糞感に苦しみ、それに加えて肛門膿がたまりやすい。田村先生に診てもらった結果、もう一度手術をすることになった。


前回のヘルニア手術から丸一年経過した時点で、ゴン太は二回目のヘルニア手術を受けた。今回は、肛門左側の切開手術である。

田村先生は「括約筋が弱く、肛門のまわりの皮膚がぶよぶよの状態で……」と言うけれど、それはわたしも承知している。獣医として力のある先生でも、ゴン太のヘルニアは治せないのではないか、と心配になる。


十二月十四日。ゴン太はヘルニアの手術後、ときどきおならが出るようになった。肛門の括約筋が働かず、こらえる力が衰えているのだろう。

ゴン太は先月から薬を飲みつづけている。鎮痛剤も飲んでいる。それでなんとか散歩に行けるものの、便意を催してしゃがむ回数ばかり多く、満足に散歩できない日もある。

十二月十八日。散歩に出かけると、ゴン太の脆弱《ぜいじゃく》になった肛門のまわりの皮膚が、冷たい外気に刺激されて痛そうだ。きょうの気温は、朝はマイナス十四度、昼はマイナス五度であった。

第17章　もうすぐ春だよ

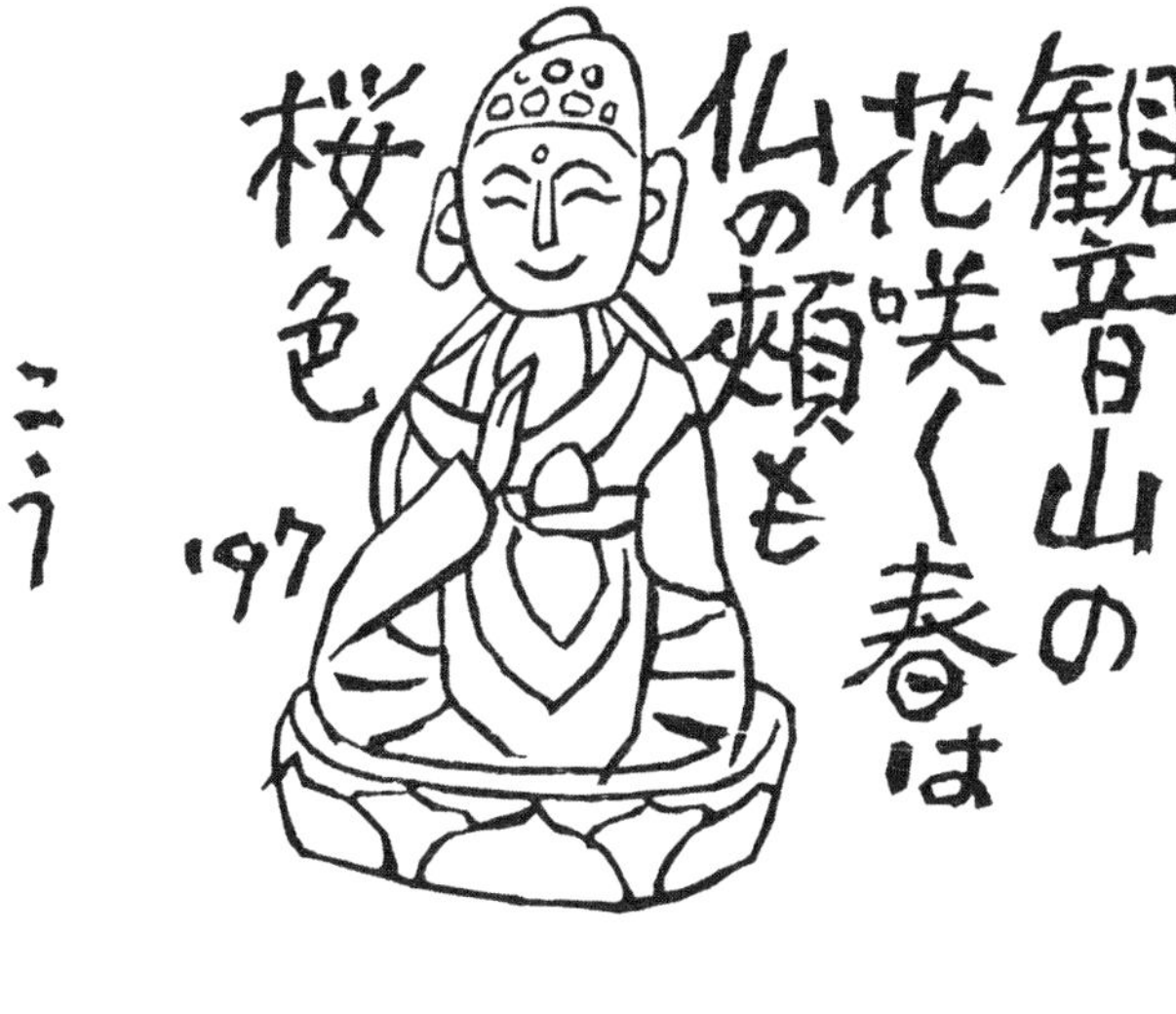

「春の仏」木版　1997

ゴン太は二回目のヘルニア手術後も、いっこうに症状が良くならないまま年を越した。毛の抜け落ちた肛門のまわりは腫れがひどく、膨れ上がった皮膚の数カ所から体液がにじみ出し、その部分の皮膚は白っぽく変色している。

痛みは薬で抑えているもののゴン太の苦痛を思うと、どうにかして少しでも楽にしてやりたい。けれど獣医ではない素人のわたしにできることは、たかが知れている。ゴン太に付き添い、励まし、慰め、痛みを共に苦しみ、痛みが薄れるように祈ってやることはできる。そして、さすってやることも。

わたしは、ゴン太の肛門のまわりを軽くマッサージすることを思いついた。マッサージで肛門部の血行が良くなり、脆弱な括約筋の機能が高まるのではないか。それによって痛みが少しは和らぐのではないか、と考えた。さっそく試してみると、ゴン太は敷物に横たわり目を閉じたまま気持ちよさそうにしている。

マッサージの効き目を感じたわたしは、この療法の適不適を確かめたい気持ちから田村先生に電話すると、理由はわからないがドクターストップがかかり、マッサージは数回で中断した。

一月十七日。ゴン太は、三回目のヘルニア手術をした。前回の手術から、まだひと月余りにしかならない。今回、ゴン太は動物病院で一泊した。

この手術後に、ゴン太に新たな変化が起きた。「ヒーン」とか「キューン」といった鼻声で、わたしに甘えるようになったのである。

思うに、ゴン太が麻酔から覚めたとき、そこは自宅ではなく動物病院のケージの中だった。いくら掛かり付けの病院でも、ゴン太はよそに泊まるのは初めてであり、術後の身である。おまけに、わたしはそばにいない。ゴン太は見捨てられたのではないかと不安に襲われ、言いようのない心細さで一夜を過ごしたのだろう。

それで翌朝、わたしが迎えに行ったとき、ゴン太は顔には出さなかったが、胸が熱くなるほどのうれしさと安堵《あんど》を感じたに違いない。変化

の理由は、この宿泊体験としか考えられない。

二月二十七日。春は、すぐそばまで来ているのに、わが家はまだ深い雪の中にある。そして外は寒い。暖かくなれば、草木が芽生えはじめれば、ゴン太の症状はわずかであっても回復に向かうのではないか……。わたしは弱々しい期待を持っていた。

ゴン太を四カ月ぶりに風呂に入れる。元気がいいときは月に二回入浴させていたが、体に負担をかけないよう控えていた。

三月二日。朝のテレビ番組で、わたしの木版画と制作風景を紹介されることになり、ディレクターがスタッフをともない、きのうに引き続き取材に訪れた。

ゴン太もテレビに出してもらえるので、ネクタイを結び、身なりを整えてやった。ネクタイは細長く折り畳んだ、ただの布切れだが、オレンジ色の花柄と青色のコントラストが美しく、濃い紫がアクセントの配色は、ゴン太の毛色にとてもよく似合った。

後日、放送された内容を確認すると、わたしの版画と制作場面よりも脇役が目立ち、ゴン太に食われる結果になった。しかしわたしは、それで満足だった。

総菜店の林さんは、「ゴン太、テレビに出ていたね！」の一言で、版画を見た記憶など皆無の様子。たいていの友人は皆そうであった。

三月三日。午後の庭遊びのとき倶楽部跡のほうへ歩いていくと、ゴン太がエゾシカの群れを見つけて追いかけた。群れは山に向かって逃げた。が、一頭だけは表通りに向かって走った。その一頭をめがけ、ゴン太も走った。

シカの群れにしょっちゅう出会っているにもかかわらず、ゴン太はただの一度も関心を示したことがなかった。わたしは不思議に思い、また、ゴン太のどこにそんな気力が残っていたのかと驚いて見ていると、ゴン太は五、六十メートル追いかけた。シカは道路際で一瞬ためらったものの、道を横切り向かいの空き地に逃げ去った。

ゴン太はシカに追いつけなかったが、ちびのゴン太が、大きなシカを追い払ったのである。誇らしさを全身にみなぎらせ、わたしのもとに、おもむろに歩み寄ってきた。

晴れやかな姿であった――。

三月二十五日。ヘルニアが、かなり進行しているように見える。

ゴン太の肛門のまわりの皮膚は、紫がかった肉色に白っぽい斑点ができ、お碗《わん》を伏せたように大きく膨れ上がって猿のお尻のように見える。

四月三日。田村先生が、ゴン太の便を軟らかくする薬を二十日分届けてくれた。肛門に負担をかけないよう以前から飲ませている薬である。

四月二十三日。朝、ゴン太の様子がいつもと違う。食べ物をねだって妻の膝に飛びつく気力もない。

四月二十四日。ゴン太の具合が、ほんのわずか、いいように見える。とはいえ以前のような元気さはない。また手術することになるだろうか。その心配はつねにある。すでに三回も行っている。さらに手術を繰り返しても、すぐに悪化するのは目に見えている。そして術後の痛みに苦しむことも容易に想像できる。

田村先生の話では、ゴン太の体にネットを入れ、肛門周囲の皮膚の膨張を抑えることもできるらしい。だが問題は、腸の機能を正常に戻して腸の脱出を食い止めることではないか、と門外漢のわたしは思う。しかしそれは、容易ではないだろう。

四月二十六日。散歩に出かけると、ゴン太の歩みは遅い。少し歩いただけで歩道にしゃがみ込んでしまう。休み休み歩く。ゴン太は食欲がなく、ほとんど何も食べていない。それで排便の量は少ない。おしっこは普通どおりにする。

散歩先から門の近くまで戻ると、いつものようにリードを外してやった。元気なときなら家に向かって走っていく。しかし今朝は、その場でじっとお座りしている。ゴン太を残してわたしが家に向かっても、ついて来られない。

「待って！　歩けないよ」

悲しそうに目で訴えるゴン太を、抱きかかえて家に入る。

四月二十七日。ゴン太はすっかり元気をなくしている。昨夜の食事は、すべて食べ残した。ドッグフードを食べたがらず、わたしの食べ物を手のひらに載せてやると、少しだけ食べた。

四月二十八日。早朝、ゴン太が廊下の隅でおしっこをした。こんなことは一度もなかった。

我慢できなかったのだろう。トイレシーツを敷いてやる。

昨夜ゴン太は、少しだけ散歩できた。しかし今朝は、ろくに歩けなかった。

ゴン太は、ほんのわずかしか食べられない。けれども喉が渇くのか、ふだんより多く水を飲む。田村先生に、電話で診察の予約をする。

午後、ゴン太は廊下の同じ場所で、またおしっこをした。散歩の時間まで我慢できないのである。それでもゴン太は、わたしたちに迷惑をかけないように、室内ではなく廊下の隅でした。その心がいとおしい。ゴン太は、終日ぐったりしていた。


四月二十九日。ゴン太の容体が良くない。十時に動物病院へ連れていくと田村先生は、きょうの午後、もう一度手術をすると言う。それで、いったん帰宅することにしてゴン太を車の助手席に乗せ、小雨の中を家に向かった。

また手術をすることになったが、どうすればよいのか。これで四回目である。手術で、ゴン太のヘルニアが治るのか。ゴン太は苦痛から救われるのか。わたしは運転しながら考えた。痛みから逃れられないとしても、ゴン太は命ある限り生きたいだろう……。

帰り道の風景がうるんで見える。

ゴン太は明るさを取り戻し、自分らしい歩みを、外に向かって踏み出した。ゴン太を生かしてやりたい。わたしは、ゴン太と一緒にいたい。

思いが、ぐるぐると頭の中をめぐり、わたしは熱くなっていた。

午前中、小降りだった雨が、家を出るときには激しくなっていた。ゴン太を車の助手席に寝かせ、土砂降りの雨の中をわたしは病院に向かった。

手術をするか、それとも……。

わたしは運転しながら、決断した。

指定の時刻どおり病院に到着し、田村先生と短い話をした。そして、わたしは安楽死をお願いした。先生は黙って目で答えた。

…………

ゴン太はわたしに抱かれたまま、鎮静剤を打たれた。

ぐったりしたゴン太の表情は、安らかである。ゴン太のぬくもりと鼓動が胸に伝わり、苦しい。激しさを増す雨音が、遠くに感じられた。

全身の筋肉が緩みやわらかくなったゴン太の、わずか十キロの体が、少しずつ重さを増し、手がしびれる。長椅子にシーツを敷いてもらいゴン太を寝かせると、ゴン太は嘔吐した。鎮静剤の影響だと先生が言った。

時間の経過をみて、ゴン太は麻酔を打たれた。

雷鳴がとどろき、雨が病院のガラス窓をたたきつけた。

しばらくして筋弛緩《しかん》剤を打たれ、ゴン太は痙攣した。

痛みを感じていないか先生に尋ねると、すでに意識が飛んでいるから痛みは感じない。生体反応しているだけだという。

午後二時、——ゴン太が、死んだ。

ゴン太を失ったあとの涙腺《るいせん》が緩んだわたしは、なにかにつけゴン太の顔が目に浮かび、すぐに目頭が熱くなった。ゴン太がいないアトリエは空虚で寂しい。窓の外を眺めては庭を駆けまわるゴン太を思い出し、壁に掛かったゴン太の写真を見ると涙がこぼれた。晩酌をすると酒で感情が高ぶり、よけいに悲しみが増した。抑えても涙があふれた。友人が訪れ、話題がゴン太に向かいそうになると、それだけで目の奥がじわじわと熱くなった。

わたしはゴン太を失った悲しみで、二週間ぐらいは異常なほど心がデリケートになっていた。

ちょっとしたことにも反応して、すぐに涙があふれた。

しかし内心では、自分はペットロス症候群に陥るような人間ではないと考えていた。そして事実そうであったから、重篤《じゅうとく》にはならなかった。だから感じやすい状態は、一カ月ぐらいか、それ以上だったかもしれないが、とにかくその程度の軽症ですんだ。

ゴン太がいなくなってからも、わたしは平常どおり仕事をした。やらなければならない仕事はいくらでもある。ワンニャンボランティアの手伝いで、犬猫の新しい飼い主募集のポスターも作らなければならない。

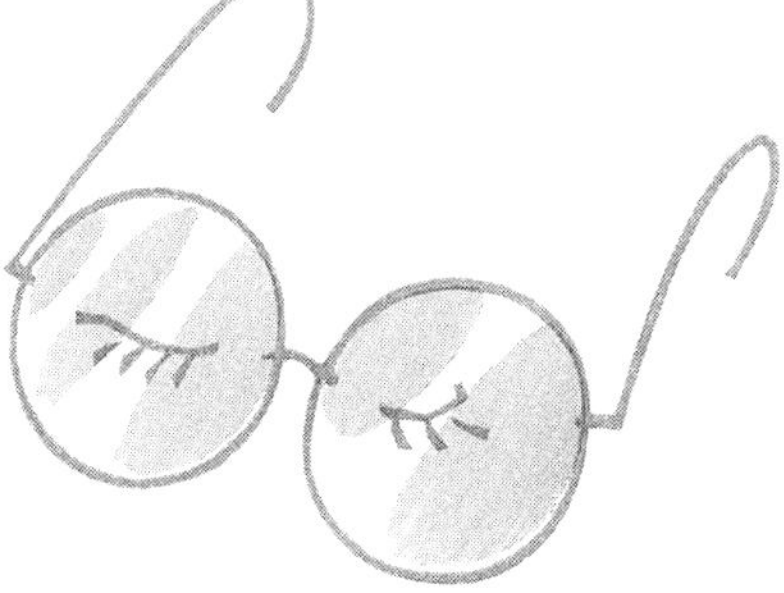

ところが困ったことに、ポスターの作成中に捨てられた犬猫の写真をみると、ゴン太を思い出した。わが家に来たころのゴン太を、ピッピに嫌がらせをされて困惑したときの目を、猫の

食べ残しをちょうだいしたあとの満足げな顔を、そしてエゾシカを追いかけた最後の晴れやかな姿を……。

わたしは無理にゴン太を忘れようとしたことはない。こういうことは時がうまく取り計らってくれるのを待つしかない。どれほど時が流れても忘れられなければ、悲しいときには悲しめばよい。ゴン太を失った悲しみには、明るさに向かうゴン太を見守った喜びも、ゴン太と共に生きた楽しさも含まれている。それが大きければ大きいほど、悲しみは深くなる。

臆病で繊細で素直で、ちょっといじけた、あのかわいらしいゴン太は、かけがえのない命だった。そしてわたしは、ゴン太の姿に、自分自身を重ねて見ていた。

その命を、「安楽死」といえば外聞はよいけれど、わたしが殺した。そのことを、いまも考えつづけている。人間が下す判断というものは不可解である。

ゴン太は、死を望んだのか――。

ゴン太の死後一年過ぎた雪解けの時季、庭の池でエゾアカガエルが産卵を前にして鳴きはじめたころ、アトリエの窓から庭の斜面を眺めていると、残雪の形が巨大な犬の顔に見えた。それは、まさしくゴン太の顔であった。くるんとした目も、ゆらゆらした大きめの耳も、愛らしい口元も、すべてゴン太であった。

――ゴン太が、会いに来てくれた！

終日眺めていた白いゴン太の顔は、暖かな春の陽気で解けていき、ゆっくり形を変えて翌日には、蝶《ちょう》の姿になっていた。そして雪が消えたあとの庭は、きびしい寒さに耐え抜いた芝草の淡い緑に包まれていった。

わたしの心に生きている限り、不意にまた、ひょいとゴン太は姿を見せることだろう。

「アトリエのゴン太」2009年1月撮影

あとがき

「命の不思議さと大切さ」。これは、「自然の不思議さと大切さ」と言い換えてもよいと思う。その命と自然を、人間はふだん、どのように扱っているのだろうか。それを考えながら、わたしは書いた。

この文章を書かせてくれたのは、ゴン太をはじめ犬や猫たちであり、わたしの身近に生きる虫や草木である。命について、こんなふうに思考する絵かきがいることを、知ってもらうだけでうれしい。

二〇一三年四月二十七日

イサジコウ

参考文献

ブルース・フォーグル『犬種大図鑑』（一九九六、ペットライフ社）
谷口研語『犬の日本史』（二〇〇〇、PHP研究所）
岩見沢市幌向『創紀100年』（一九八一、弘文社印刷）
地球生物会議ALVE「犬猫の処分数の減少に向けて」
（同団体のホームページより、二〇〇九年一月二十三日）
バーナード・エヴスリン著、小林　稔訳『ギリシア神話小事典』（一九七九、教養文庫）
フェリックス・ギラン著、中島　健訳『ギリシア神話』（一九八二、青土社）
呉　茂一『ギリシア神話』（一九六九、新潮社）
山室　静『ギリシャ神話』（一九六二、教養文庫）

イサジコウ（本名、伊佐治 講）

画家。1951年、岐阜県生まれ。80年に北海道に移住し、岩見沢市幌向に住む。83年に版画友の会を設立。92年、三笠市の招きで同市に転居し、93年に伊佐屋ギャラリーを開設する。画集に『イサジコウ版画集』。
版画収蔵：大英博物館（84年）、夕張市美術館（88, 97, 2001年）、Academy of Fine Arts（89年, ニュージーランド）、Westpac Gallery（90年, オーストラリア）

伊佐屋ギャラリー（**土・日曜日のみ開館**）
〒068-2141　三笠市本町221-2　電話01267-2-3795
http://www13.plala.or.jp/isaya_g/

ゴン太の青空

2013年8月1日　初版発行

著　者　イサジコウ
発行所　株式会社共同文化社
〒060-0033
札幌市中央区北3条東5丁目
電話011-251-8078
http://kyodo-bunkasha.net/

印刷・製本　株式会社アイワード

ISBN978-4-87739-241-3　C0095